JN013924

■新入生のための ─────────

# データサイエンス入門

豊田　修一・樽井　勇之　著

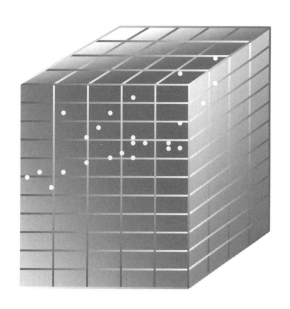

共立出版

# はじめに

　私たちは，コンピュータの計算能力の向上，メモリコストの低下，高度なソフトウェアの利用などの情報通信技術の進展を日々享受している．パーソナルコンピュータやスマートフォンから，Web 検索サービス，メールサービス，ソーシャルネットワーキングサービス，クラウドサービスなどを利用した日常を過ごしている．これらのサービスにより，社会のデータ量は劇的に増加し，データが溢れるビッグデータの社会となってきている．さらに，データの種類も多様化し，メール，写真，動画，オンラインゲームなどのさまざまなデータの通信が行われている．

　また，データは 21 世紀の資源であるともいわれている．政府は，AI 戦略 2019 において，「数理・データサイエンス・AI」をデジタル時代の「読み・書き・そろばん」と位置づけ，2025 年までに，すべての大学生がそのリテラシーレベルを学び，基礎的な力を育むことを目標にしている．ひとつひとつのデータには意味がなくとも，データを大量に集めると大きな価値を見出すことができる．そして，社会のいろいろな場面でデータを使用・管理するようになってきており，データサイエンスの知識は，文理を問わず大学生に必要な知識となってきている．

　本書は，大学に入学するまで数理やデータに馴染みの薄かった学生でも，社会におけるデータサイエンスの利用状況，データリテラシーの基礎，AI の基本的事項をコンピュータの基礎知識や情報セキュリティ・個人情報保護と同時に学べるように構成した．また，本書は数理・データサイエンス・AI 教育プログラム（リテラシーレベル）に準拠する内容とした．最後に，本書を細部にわたり確認し，助言をくださった京都大学名誉教授（数理工学），IEEE fellow 酒井英昭先生に深く感謝する．


2023 年　9 月


豊田　修一
樽井　勇之

豊田修一（担当：2, 3, 7, 8, 9, 13, 15 章）
樽井勇之（担当：1, 4, 5, 6, 10, 11, 12, 14 章）

# 目　　次

## 第3章　企業におけるデータの利活用を知る

## part 2　AI 入門

## 第4章　人工知能と機械学習を知る

## 第5章　コンピュータからおすすめ情報が出る

## 第6章　情報を可視化する

## part 3　データリテラシー

### 第 7 章　データを読み取る

### 第 8 章　データを説明する

## 第 9 章　データを処理する

## part 4　データ・AI の利活用

### 第 10 章　企業における情報システムや AI の活用を知る

## 第 11 章　ビッグデータを収集・蓄積・活用する

## 第 12 章　観光をデータから見る

## 第 13 章　ヘルスケアをデータから見る

part 5　データサイエンスの心得

第 14 章　情報セキュリティと AI 利活用における留意事項

第 15 章　個人情報を保護する

## ホームページに収録した Excel データによる実習

① 本書のホームページの URL

https://www.kyoritsu-pub.co.jp/book/b10033964.html

に接続し，

② 「関連情報」欄より下記の Excel データを入手し，実習できます．

図 1.12 売上表

図 6.8 成績表

表 7.6 部門別勤務時間の分布　　　表 7.7 平均値算出用データ

表 7.8 記念切符の所有枚数と偏差　　表 7.9 SL 写真の所有枚数と偏差

表 7.11 商品 A 購入と性別の関係　　表 7.12 商品 A 購入と X 社商品購入の関係

表 7.13 X 社商品購入と性別の関係

表 9.1 チョコレートの売上データ　　表 9.2 度数分布表

図 9.1 累積度数，相対度数，累積相対度数の計算

図 9.2 試験結果データ　　　　　　図 9.8 新規感染者数と移動平均の値

なお，本文中では，該当図表のタイトルの後に［⊕］が付記されています．

# part 1　　　　導　入
~手計算，コンピュータからデータへ~

　社会は，農耕社会から工業社会を経て情報社会に変化し，そして，Society5.0 という新しい社会に向かっているといわれている．データサイエンスは，コンピュータの発展に伴い大量のデータ処理が可能になったことにより，統計や情報などの手法や知識を活用して，大規模なデータセットから問題解決に必要な知見を引き出す分野である．このパートでは，データサイエンスの基礎となる情報技術の知識，社会におけるデータサイエンスの役割，企業におけるデータ利活用の進展の様子について学ぶ．

| 1 | コンピュータでデータを作る |
|---|---|

この章では，コンピュータでデータを取り扱うために知っておきたいハードウェアとソフトウェアの基礎について学ぶ．コンピュータの特徴を知るために，計算機の基本要素からコンピュータの構成要素と役割を考え，どのような方式で動いているのかを説明する．現実空間における出来事は，コンピュータ空間でどのように表現され，データ処理しやすいようにまとめられているのかを説明する．コンピュータをデータ分析などに利用するため，ソフトウェアの種類と役割について紹介する．データ解析ツールであるマイクロソフトの表計算ソフト Excel（エクセル）の基本的な使い方について実習する．大量のデータを操るためのデータベース管理システムの基礎についても説明する．

## 1.1　データを取り扱うハードウェア

コンピュータは高速に正確な計算をしてくれる道具（計算機）である．ここでは，簡単な計算をする計算機をもとに，手順のある計算をする計算機を考えながらコンピュータの構成要素を学ぶ．また，現実空間からどのようにしてコンピュータ空間でデータを取り扱えるようにしているのかを見ていく．

### 1.1.1　コンピュータのしくみ

#### A　簡単な計算をする計算機

簡単な計算として「たし算をする計算機」のモデルを考える．まず，計算に必要な数値や記号（**表 1.1**）を入力する①**入力装置**が必要となる．次に，入力された数値や記号をもとに演算する②**演算装置**が必要となる．最後に，計算結果を出力する③**出力装置**が必要となる（**図 1.1**）．

**表1.1** コンピュータで使われる算術演算子

| 記号 | 意味 | 読み方 | 使い方 |
|---|---|---|---|
| ＋ | たし算 | プラス | 30＋70 |
| － | ひき算 | マイナス | 20－10 |
| ＊ | かけ算（×） | アスタリスク | 10＊20（10 かける 20） |
| ／ | わり算（÷） | スラッシュ | 10／20（10 わる 20） |
| ＾ | べき乗 | ハット | 2^3（2 の 3 乗＝2＊2＊2） |

**図1.1** 簡単な計算をする計算機のモデル

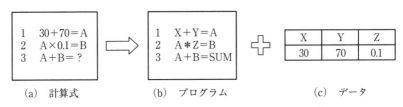

（a）計算式　　　　（b）プログラム　　　　（c）データ

**図1.2** 手順のある計算式をプログラムとデータに分解

情報処理
入力→処理→出力の流れは
情報処理の基本である．

このような入力→演算→出力の流れが計算機（**情報処理**）の基本となる．

**B 手順のある計算をする計算機**

次に，「手順のある計算をする計算機」のモデルを考える．一例として**図1.2(a)**の計算式を取り上げる．図 1.1 に示した計算機を利用する場合，1 行目の計算を①→②→③の手順で行い計算結果を記録した後，2 行目の計算を①→②→③の手順で繰り返して記録する．3 行目で 1 行目と 2 行目の計算結果をもとに①→②→③の手順を繰り返して計算を終了する．ここで，繰り返しの手順を省くため，計算式を一時的に記憶しておく④**記憶装置**の利用を考える．記憶装置には，計算式を命令の列に並べた**プログラム**（図 1.2(b)）と，計算対象となる**データ**（図 1.2(c)）を格納しておく．記憶装置にあるプログラムやデータを取り出して演算するには，プログラムを解読し，装置全体に指示・命令を出す⑤**制御装置**と，演算する演算装置が必要となる．計算結果は記憶装置に格納する．最後に，計算結果を出力する出力装置が必要となる（**図1.3**）．

プログラム
計算式や処理手順を命令の
列に並べたもの．

データ
計算や処理の対象になるも
の．

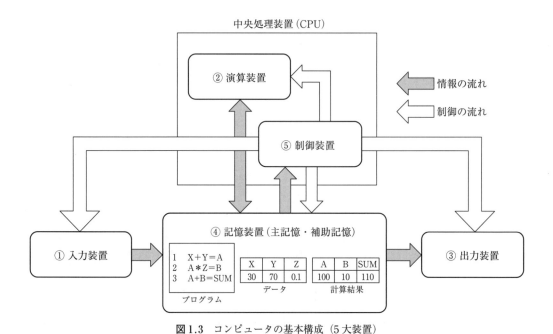

**図 1.3**　コンピュータの基本構成（5 大装置）

## C　コンピュータ（電子計算機）

　図 1.3 に示すように構成された計算機を**コンピュータ**と呼び，コンピュータ本体のことを**ハードウェア**と呼ぶ．一方，コンピュータを動かすために必要なプログラムやデータのことを**ソフトウェア**と呼ぶ．コンピュータを構成する①入力装置，②演算装置，③出力装置，④記憶装置，⑤制御装置を**コンピュータの 5 大装置**と呼ぶ（**表 1.2**）．演算装置と制御装置は一つの装置として実現されており**中央処理装置**（CPU：Central Processing Unit）と呼ぶ．記憶装置には情報を一時的に記憶するための**主記憶装置**（メインメモリ）と長期的に記憶するための**補助記憶装置**がある．プログラムとデータを主記憶装置に置いて実行する方式

主記憶装置
電源が切れると情報が消える性質（揮発性）がある．

補助記憶装置
電源が切れても情報が保存される性質（不揮発性）がある．

**表 1.2**　コンピュータの 5 大装置

| 装置名 | 役割 | |
|---|---|---|
| ①入力装置 | 文字や数値などのデータやプログラムをコンピュータに入力する | |
| ②演算装置 | プログラムに従って，四則演算（表 1.3）や論理演算（表 1.4）を行う | |
| ③出力装置 | コンピュータで処理された結果を文字や数値で出力する | |
| ④記憶装置 | 主記憶装置 | データやプログラムを一時的に記憶する |
| | 補助記憶装置 | データやプログラムを長期的に記憶する |
| ⑤制御装置 | 主記憶装置にあるプログラムを解読して各装置に命令を送る | |

表 1.3　四則演算

| 四則演算 | 式 | プログラムでの使い方（例） |
|---|---|---|
| たし算 | a＋b | c＝a＋b |
| ひき算 | a－b | c＝a－b |
| かけ算 | a＊b | c＝a＊b |
| わり算 | a／b | c＝a／b |

表 1.4　論理演算

| 論理演算 | | 意味 | プログラムでの使い方（例） |
|---|---|---|---|
| 否定 | NOT | ～でない | ！a　　（a でない） |
| 論理積 | AND | かつ | a ＆＆ b　（a かつ b） |
| 論理和 | OR | または | a ‖ b　（a または b） |

はプログラム内蔵方式（ストアドプログラム方式）と呼ぶ．主記憶装置に置かれたプログラム（命令）を制御装置に取り出し，一つずつ順番に解読して処理していく方式を**逐次制御方式**と呼ぶ．

### 1.1.2　現実空間からコンピュータ空間へ

#### A　現実空間の出来事

現実空間の出来事をコンピュータに入力して処理するとき，コンピュータ空間で利用しやすい情報の表現（2 進法）に変換される（**図1.4**）．

**現実空間**
フィジカル空間ともいう．

**コンピュータ空間**
仮想空間，サイバー空間ともいう．

#### B　2 進法

コンピュータは 1 と 0 の 2 種類の数字によって数値を表現するため **2 進法**が利用されている．2 進法とは，0,1 まで数えて 2 になったら進む（桁が上がる）数で，基数 2 によって位取りをして数値を表現している．たとえば，111 という数値は $2^2$ の位が 1 つ，$2^1$ の位が 1 つ，$2^0$ の位が 1 つから構成されている．このように考えると 111 は $1 \times 2^2 + 1 \times 2^1 + 1 \times 2^0$ と表すことができ，各位には基数 2 のべき乗の重みをかけた表現ができる（**図1.5**）．$2^n$（2 の $n$ 乗）は「1 に 2 を $n$ 回かける」と考える．2 の 0 乗は「1 に 2 を 0 回かける」ため 1 のままである．2 進法表現は 2 のべき乗の重みを省略し，各位を順番に並べた表現になっている．2 のべき乗である $2^2$, $2^1$, $2^0$ を 10 進数の 4, 2, 1 に対応させて計算していくと 2 進数の 111 は 10 進数の 7 に換算される．

#### C　コンピュータ空間における表現

現実空間における 10 進法の数値は，コンピュータ空間では 2 進法を

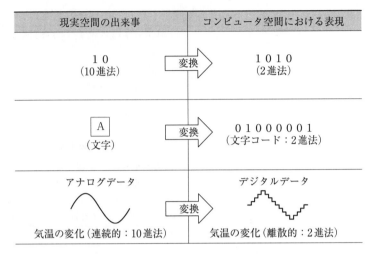

**図1.4**　現実空間からコンピュータ空間へ

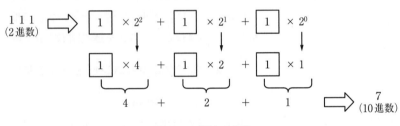

**図1.5**　2進法の表現

用いて表現される．また，「A」などの文字は2進法を用いた**文字コー
ド**が割り当てられている．文字コードとは，現実空間で利用している文
字をコンピュータ空間で利用するために各文字に割り当てられた符号
（コード）のことである．2進法で表現された文字コード表をコン
ピュータ空間にもっているので変換が可能となる．ウィンドウズ
（Windows）では日本語に対応したShift_JIS（シフトJIS）という文字
コードが使われている．気温の変化や風速などの10進法を用いた**連続
的**な表現は，2進法を用いた**離散的**な表現に変換される．現実空間にお
ける連続的な表現を**アナログ情報**と呼び，コンピュータ空間における離
散的な表現を**デジタル情報**と呼ぶ．2進法表現は桁数が増えると人間に
とってわかりにくくなるため，**16進法**（16になったら進む数）表現も
よく使われる（**表1.5**）．

**D　単　位**

コンピュータの世界で利用されている2進法の1桁分に当たる情報量
を**ビット**（bit）と呼び，8桁分のまとまりを**バイト**（byte）と呼ぶ．コ

**表1.5** 10進, 2進, 16進対応表

| 10進数 | 0 | 1 | 2 | 3 | 4 | 5 | 6 | 7 | 8 | 9 | 10 | 11 | 12 | 13 | 14 | 15 |
|---|---|---|---|---|---|---|---|---|---|---|---|---|---|---|---|---|
| 2進数 | 0 | 01 | 10 | 11 | 100 | 101 | 110 | 111 | 1000 | 1001 | 1010 | 1011 | 1100 | 1101 | 1110 | 1111 |
| 16進数 | 0 | 1 | 2 | 3 | 4 | 5 | 6 | 7 | 8 | 9 | A | B | C | D | E | F |

**表1.6** データ量の単位

| データ量 | 単位（記号） | 読み方 |
|---|---|---|
| $10^3$ | 1 kB | いちキロバイト |
| $10^6$ | 1 MB | いちメガバイト |
| $10^9$ | 1 GB | いちギガバイト |
| $10^{12}$ | 1 TB | いちテラバイト |
| $10^{15}$ | 1 PB | いちペタバイト |

**丸め誤差**
有限桁で計算することによって生ずる誤差.

ンピュータの演算装置で1回に処理できる情報量や記憶装置に記憶できるデータ量には限界があるため計算に**誤差**が生じることもある. 記憶装置に記憶されるデータ量は年々増加しており, **表1.6**に示す単位の中でもテラバイト（TB）やペタバイト（PB）が使われるようになっている.

### 1.1.3　現実空間をデジタルで切り取る

#### A　現実空間のデジタル化

現実空間の出来事に興味や関心があるとき, そこから得られる情報を文字列や数値で表現したり, 画像や動画で撮影したりしてパソコンやスマートフォン（スマホ）に記録しておけば後から分析に利用することができる. 最近は, **IoT**（Internet of Things）によって得られた情報を, インターネットを通じて自動的に収集して利用している. このように現実空間の一側面をデジタルで切り取って収集した大量の情報は**ビッグデータ**として蓄積されている（**図1.6**）.

**IoT**
モノがインターネットに接続されていること.

**ビッグデータ**
4.3参照

#### B　構造化データ

文字列や数値で表現できるデータは, データの関係性に注目すると行と列からなる2次元の表（**テーブル**）にまとめることができる. たとえば, **図1.7**に示すような学籍を管理するためのテーブルは**構造化データ**と呼ばれる. このような構造化データは, 表計算ソフトのワークシートや**リレーショナルデータベース**のテーブル構造と同じ概念である. リレーショナルデータベースでは, テーブルの先頭行を**フィールド**（列）

**リレーショナルデータベース**
表（テーブル）と表を関連付けたデータベース.
1.2.3参照

現実空間　　　　　　　スマホ　　　　　　ビッグデータ

図 1.6　現実空間の一側面をデジタルで切り取る

フィールド（列）

| 学籍番号 | 氏名 | 性別 | 電話番号 |
|---|---|---|---|
| 1001 | 木田波留 | 男 | 12-3456 |
| 1002 | 瀬戸奈津 | 女 | 23-4567 |
| 1003 | 土田亜紀 | 女 | 34-5678 |

レコード（行）

図 1.7　学籍管理テーブル（構造化データの例）

フィールド
属性，アトリビュート

レコード
組，タプル

と呼び，1 件分のデータのまとまりを**レコード**（行）と呼ぶ．構造化データを作るためには，フィールドごとにデータの入力規則を定義しなければならない．たとえば，図 1.7 の学籍番号は「4 桁の文字列を必ず入力する」，性別は「男か女を入力する」といった入力規則を守りながら入力していかないとデータ分析には利用できなくなってしまう．

### C　非構造化データ

画像や動画，音声や音楽，文章などのようなデータを**非構造化データ**と呼ぶ．非構造化データは**図 1.7** のようにデータの関係性を表（テーブル）の形で構造化して表現できないため，**メタデータ**が必要である．

メタデータ
データの意味を表す情報．図 1.8 では，0 と 1 のデータの並びに対し，数字の「2」であることを説明するデータのこと．

画素（ピクセル）
画像を構成する各 1 点.

画像の取り扱いを見てみよう．画像は平面上に色を連続的に変化させたアナログ情報として表現されている．コンピュータ内部では画像を離散的なデジタル情報として取り扱うため格子状に分解した**画素（ピクセル）**の集まりとして表現する．たとえば，**図 1.8** に示す白黒画像は縦 16 ピクセル×横 16 ピクセルの計 256 ピクセルから構成されている．白黒画像は 1 画素につき 1 ビットの数値データで白と黒を表現できる．

画像データは縦横のサイズが大きくなると画素の数が多くなる．また，1 画素当たりの色の数を増やしていくと画像データ全体のデータ量が多くなる．画像データは数値や文字列に比べ，1 画像当たりのデータ

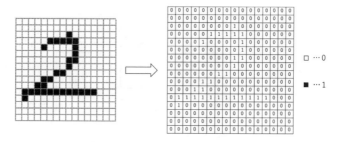

**図 1.8**　白黒画像（非構造化データの例）

フルカラー画像
赤 Red, 緑 Green, 青 Blue
それぞれ 8 ビットを割り当
て計 24 ビットで 1670 万色
を表現できる.

**表 1.7**　画像のファイル形式

| ファイル形式 | 特徴 |
|---|---|
| PNG | 可逆圧縮. フルカラー画像（1670 万色）を扱える. |
| JPEG | 非可逆圧縮. フルカラー画像（1670 万色）を扱える. |
| BMP | 圧縮なし. フルカラー画像（1670 万色）を扱える. |
| GIF | 可逆圧縮. カラー画像（256 色）を扱える. |

可逆圧縮
圧縮した画像の質をもとに
戻せる.

非可逆圧縮
圧縮した画像の質をもとに
戻せない.

**表 1.8**　動画のファイル形式

| ファイル形式 | 特徴 |
|---|---|
| MP4 | 広く普及している形式でさまざまなデバイスで再生できる. |
| MOV | Mac 標準の形式で Apple 製品上での編集に向いている. |

量が大きいため圧縮技術によるファイル形式が利用される（**表 1.7**）.
　動画は 1 秒間に 30 枚程度の画像を並べて表示させるため, 画像データよりさらに 1 動画当たりのデータ量が大きくなる. スマートフォンで撮影した動画を, SNS などに投稿する際には**表 1.8**に示す動画のファイル形式などが利用されている.

## 1.2　データを取り扱うソフトウェア

　コンピュータをデータ分析などに利用するためには, ハードウェアの性能を十分に引き出すことができるソフトウェア（プログラム）の存在と, それらを自由自在に使いこなすことができる利用者との関係がとても重要である. ここではソフトウェアの種類と役割, データを作る表計算ソフト, データを操るデータベース管理システムの基礎について学ぶ.

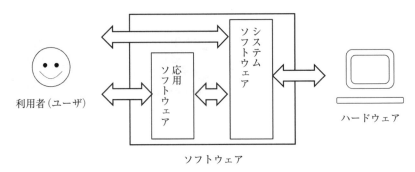

利用者（ユーザ）　　　　　　　　　ソフトウェア　　　　　　　　ハードウェア

図 1.9　ハードウェアや利用者との関係

### 1.2.1　ソフトウェアの種類と役割

#### A　ハードウェアや利用者との関係

ソフトウェアは，ハードウェアの機能を効率的に利用するための**システムソフトウェア**と，データ分析などの業務処理を効果的に行うための**応用ソフトウェア**（アプリケーションソフトウェア）に分類できる（**図1.9**）．応用ソフトウェアはシステムソフトウェアを利用することによって，ファイルを保存したり印刷したりできるようになっている．

#### B　システムソフトウェア

利用者によってコンピュータの電源が投入されると Windows などのオペレーティングシステム（OS）が起動される．OS はシステムソフトウェアの中の**基本ソフトウェア**（広義のオペレーティングシステム）に位置づけられ（**図1.10**），ハードウェアを効率的に利用するための機能を提供してくれる．基本ソフトウェアは，**制御プログラム**（狭義のオペレーティングシステム），**言語プロセッサ**，**サービスプログラム**に分類される（**表1.9**）．

オペレーティングシステム
(OS)
Windows, macOS, iOS,
Android などがある．

#### C　ミドルウェア

**ミドルウェア**は，ミドル（middle：中間）という言葉からもわかるように基本ソフトウェアと応用ソフトウェアの中間に位置しており，共通に利用する機能を提供してくれる（**表1.10**）．

#### D　応用ソフトウェア（アプリケーションソフトウェア）

応用ソフトウェアは**共通応用ソフトウェア**と**個別応用ソフトウェア**に分類される（**表1.11**）．共通応用ソフトウェアは普段我々が利用している「アプリ」と呼ばれるソフトウェアである．

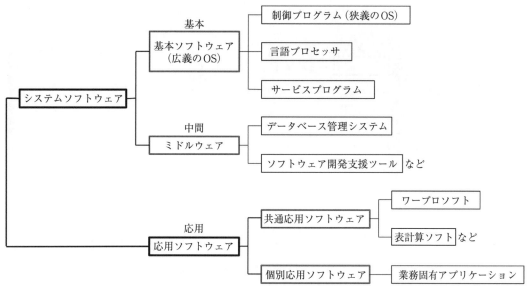

図 1.10　ソフトウェアの体系

表 1.9　基本ソフトウェアの分類

| 基本ソフトウェア | 内容 |
| --- | --- |
| 制御プログラム | ハードウェアを管理・有効活用するプログラム |
| 言語プロセッサ | プログラム言語を機械語に翻訳するプログラム |
| サービスプログラム | 各種サービスを提供する（ユーティリティプログラム） |

データベース管理システム
（DBMS）
**1.2.3 参照**

表 1.10　ミドルウェアの例

| ミドルウェア | 内容 |
| --- | --- |
| データベース管理システム | データベースの作成と管理をするシステム |
| ソフトウェア開発支援ツール | ソフトウェアの設計や開発を支援するツール |

表 1.11　応用ソフトウェアの例

| 応用ソフトウェア | 内容 |
| --- | --- |
| 共通応用ソフトウェア | ワープロソフト，表計算ソフト，Web ブラウザなど |
| 個別応用ソフトウェア | 個別に作成されるオーダーメイドのソフトウェア |

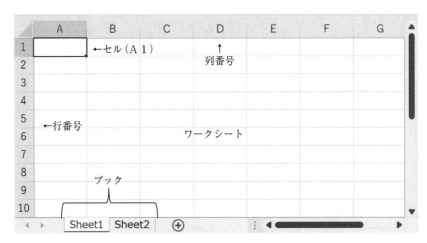

**図1.11**　表計算ソフトの基本用語

### 1.2.2　データを作る表計算ソフト

文字列や数値で表現された構造化データを扱うため，マイクロソフトの表計算ソフト Excel（エクセル）について説明する．

#### A　表計算ソフトの基本用語

Excel を起動すると 1 つひとつのマス目で構成されたシート（Sheet1）が表示される（**図1.11**）．このシートのことを**ワークシート**と呼び，1 つひとつのマス目のことを**セル**と呼ぶ．ワークシートの集まりのことを**ブック**と呼ぶ．ワークシートの列にはアルファベットの列番号（A, B, C, …），行には数字の行番号（1, 2, 3, …）があるので，セルの位置（**セル番地**）は列番号と行番号を並べて表す．たとえば，列番号が「A」で行番号が「1」であれば「A1」と表す（図1.11）．

#### B　セルへのデータ入力

表計算ソフトの特徴は，1 つひとつのセルに細かく書式を設定できることにある．セルには表（おもて）側と裏（うら）側があると考える．1 つのセルには原則 1 つのデータを入力する．入力された実データは裏側に格納され，［セルの書式設定］で設定された［表示形式］で表側に表示される．始めは［標準］の［表示形式］になっているため特定の書式を指定していない．そのため，Excel が自動的に入力データを判断する．自分が文字列（"012"）を入力したとしても Excel が数値（12）と解釈する．自分の入力と Excel の解釈を一致させないと正しく入力できたことにならない．文字列と数値は［標準］の［表示形式］では**表**

**Excel の行数と列数**
最大列数と最大行数は有限で決まっている．
●最終列の確認は
Ctrl + → キーを押す．
Ctrl + ← キーで戻る．
●最終行の確認は
Ctrl + ↓ キーを押す．
Ctrl + ↑ キーで戻る．

**セルの書式設定**
セル上で右ボタンを押し，メニューから［セルの書式設定］を選択する．表側の表示形式を確認すること．
※実数「0.5」が四捨五入されて「1」と表示されていることもある．

1.12 のルールが適用されるので，Excel が正しく解釈したのかを確認すること．

売上表の作成

【手順】

(1) Excel を起動．

(2)［空白のブック］を選択してワークシートを表示．

(3)［ファイル］タブから［名前を付けて保存］で保存先を選択．

(4) ファイル名［売上表］で保存．

(5) 図 1.12 と表 1.13 に従って入力．

### C　売上表の作成（実習）

**図 1.12** に示す「売上表」を**表 1.13** の入力規則に従って入力しよう．

① 売上番号を［標準］の書式のまま入力すると数値と見なされ先頭から 3 桁のゼロは消えてしまう．入力規則は文字列であるため［表示形式］を［文字列］に設定する．② 売上日の入力は「1/2」と入力することで「1 月 2 日」と表示される．このとき，裏側の実データは入力した年（例：2023）に応じて西暦が付加され「2023/1/2」と入力されており，表側は設定された［表示形式］で「○月○日」と表示される．③ 商品名はひらがなや漢字で入力すると文字列として扱われる．④ 単価

**表 1.12**　［標準］の［表示形式］でのルール

| データ | 表示形式 | ルール |
|---|---|---|
| 文字列 | 左揃え | 計算対象とならない．スペースも 1 文字として扱われる． |
| 数値 | 右揃え | 計算対象となる．全角で入力しても半角で入力される． |

| | A | B | C | D | E | F |
|---|---|---|---|---|---|---|
| 1 | 売上番号 | 売上日 | 商品名 | 単価 | 数量 | 金額 |
| 2 | 0001 | 1月2日 | 鉛筆 | 100 | 20 | 2000 |
| 3 | 0002 | 1月3日 | 消しゴム | 150 | 30 | 4500 |
| 4 | 0003 | 1月4日 | 定規 | 120 | 15 | 1800 |
| 5 | 0004 | 1月5日 | 筆箱 | 500 | 20 | 10000 |
| 6 | 0005 | 1月6日 | コンパス | 300 | 15 | 4500 |
| 7 | 0006 | 1月7日 | 消しゴム | 150 | 20 | 3000 |
| 8 | 0007 | 1月8日 | 定規 | 120 | 10 | 1200 |
| 9 | 0008 | 1月9日 | 筆箱 | 500 | 30 | 15000 |
| 10 | 0009 | 1月10日 | 鉛筆 | 100 | 20 | 2000 |
| 11 | 0010 | 1月11日 | 定規 | 120 | 10 | 1200 |
| 12 | | | | | 合計 | 45200 |

**図 1.12**　売上表（データ入力例）［🌐］

売上番号

数字で構成される売上番号は計算対象とならないため，文字列として扱うことがある．

売上日

日付の表示形式（○月○日）が同じでも，西暦の違いに気を付けないと，昨年の日付でも，今年の日付になってしまう．

**表 1.13**　売上表の入力規則

| 項目（フィールド） | 入力規則 |
|---|---|
| ①売上番号 | 数字で構成される 4 桁の文字列 |
| ②売上日 | 日付（○月○日） |
| ③商品名 | 文字列 |
| ④単価 | 数値 |
| ⑤数量 | 数値 |
| ⑥金額 | 計算式（単価×数量） |
| ⑦合計 | 関数（SUM） |

や⑤ 数量は数字を入力すると数値として扱われる．⑥ 金額の計算式「単価×数量」は，セル番地を指定する方法（**セル参照**）によって入力する．たとえば，セル番地 F2 に「＝D2＊E2」と入力すると，裏側には計算式が格納され，表側には計算結果が［表示形式］に従って表示される．入力した計算式をセル番地 F3 から F11 までコピーして貼り付ける．⑦ 合計の関数の入力は「**E 関数とは**」を参照すること．

### D　相対参照と絶対参照

売上表（図 1.12）の「金額」を求めるセルへの計算式の入力はセル参照で行った．このとき，各セル同じように「単価×数量」の計算式を1つひとつ入力していくことは効率的でない．ここでは「計算式をコピーして入力を効率化」する**相対参照**と**絶対参照**のしくみを説明する．一例として，セル番地 A1, A2, B1, B2 に数値 1, 2, 3, 4 が入力されており，C1 に A1 を参照する 4 つの参照方法（**表 1.14**）をそれぞれ入力し，C2, D1, D2 にコピーして貼り付ける場合を考える（**図 1.13** ①②③④）．

**【考え方】**

(1) 列・行を分割し，前に $ がなければ相対参照，あれば絶対参照

(2) 列・行を別々にコピーし貼り付けたときの参照列・行を考える

(3) 参照列・行を統合することで自動調整されたセル番地が求まる

### E　関数とは

**関数**とは「何か（複数）入力すると，何か（1 個）出力される関係」のことである（**図 1.14**）．ここでいう関係とは，目的とする計算をするための入力と出力との間の関係で，この関係さえわかっていれば関数を部品のように組み合わせて（関数の中の関数）扱うことができる．

**表 1.14** 相対参照と絶対参照によるセル番地をコピーしたときのルール

| 参照方法 | 読み方 | コピーして貼り付けたときのルール |
| --- | --- | --- |
| A 1 | 列も行も相対参照 | 列も行も相対的に参照するセル番地が自動調整される |
| $A $1 | 列も行も絶対参照 | 列も行も参照するセル番地は変わらない |
| A $1 | 列は相対参照・行は絶対参照 | 列だけ参照するセル番地が自動調整され，行は変わらない |
| $A 1 | 列は絶対参照・行は相対参照 | 列だけ参照するセル番地が変わらず，行だけ自動調整される |

参照方法の切り替え
ファンクションキー F4 によって参照方法を切り替えることができる．
【切り替わる順序】
A1 → $A$1 → A$1 → $A1

相対参照
相対的に参照するセル番地が自動調整される．

絶対参照
参照するセル番地は変わらない．

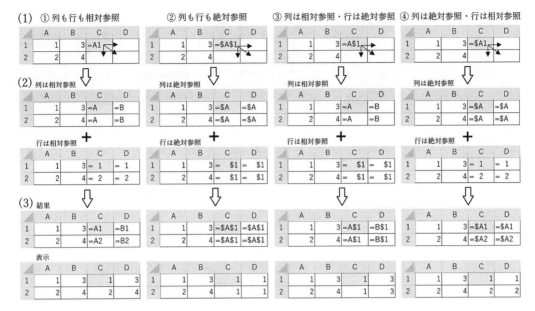

図1.13 相対参照・絶対参照

図1.14 関数とは？

関数は目的とする計算を関数名によって表し，入力は関数名の後ろにカッコ（）を用いて

**出力＝関数名（入力）**

と表す．たとえば，ジュースを買うための自動販売機の関数は

**ジュース＝自動販売機（お金）**

と書くことで「自動販売機はお金を入れるとジュースが1本出てくる」という関係を表すことができる．

売上表（図1.12）の合計（セル番地F12）を求めるには，ExcelのSUM関数を利用する（**表1.15**）．入力は合計を求める範囲をセル参照によって与える．Excelでは範囲の指定に「：」（コロン）を用いる．したがって，F12のセルには「＝SUM（F2：F11）」と入力することによって「F2からF11まで」の合計を求めることができる．

**関数の中の関数**
関数の中に関数を入れて利用することを**ネスト（入れ子）**と呼ぶ．
※関数を覚えようとするのではなく，関数の使い方を覚えること．

**関数名（入力）**
関数名の後ろにあるカッコ（）内の入力を**引数（ひきすう）**と呼ぶ．

表1.15　主な関数

| 名前 | EXCEL 関数形式 | 機能 |
|------|--------------|------|
| 合計 | SUM（範囲） | 範囲内のすべての数値の合計 |
| 数値の個数 | COUNT（範囲） | 範囲内の数値が含まれるセルの個数 |
| 四捨五入 | ROUND（数値） | 数値を指定した桁数に四捨五入した値 |

表1.16　データベース機能

| 機能 | 内容 |
|------|------|
| 並べ替え | データ（レコード）を昇順・降順に並べ替える |
| フィルター | 条件を満たすデータ（レコード）を抽出する |

表1.17　ワイルドカード

| 記号 | 内容 | 使い方 |
|------|------|--------|
| ＊ | 任意の文字列 | 東京都＊川区（品川区，荒川区，江戸川区） |
| ？ | 任意の1文字 | 東京都？区　　（北区，港区） |

**F　データベース機能（テーブル機能）**

Excel には**データベース機能**（**表1.16**）がある．売上表（図1.12）のように入力規則に従って作成された構造化データが対象となる．漢字を使った名前や社名によって**並べ替え**を行う際には五十音順にならないこともあるので，ふりがなの項目を追加しておき，ふりがなで並べ替えを行うようにする．**フィルター**を使った**抽出**では［カスタムオートフィルター］によって**ワイルドカード**（**表1.17**）を使うことができる．

**G　CSV（Comma Separated Values）形式**

ビッグデータとして蓄積された構造化データやリレーショナルデータベースに蓄積された表形式のデータを，Excel などに読み込んでデータ分析を行うためには，CSV 形式のテキストファイルでデータの受け渡しを行うことが一般的である．CSV 形式は，構造化データがカンマ（,）で区切られており Windows のメモ帳などで開いて確認できる（**図1.15**）．

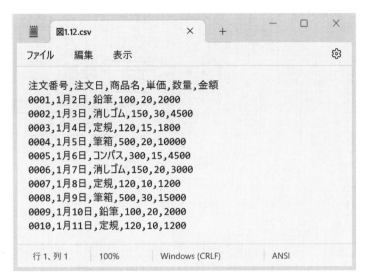

**図 1.15**　CSV 形式の例（図 1.12 の売上表）

### 1.2.3　データを操るデータベース管理システム

データを大量に蓄積し，データを操るためのデータベース管理システムについて見てみよう.

**A　データベースとは**

**データベース**とは，利用目的に合わせてデータを収集し，項目別に入力規則に従って蓄積されたデータの集まりのことをいう.

**B　データベース管理システム**(DBMS：Database Management System)

**データベース管理システム**とは，データベースを作成，管理するためのシステムのことをいう. 利用者は，データベース管理システムに処理の要求をすると，データベース管理システムがデータベースに**問合せ**を行い，その結果を利用者に返してくれる（**図 1.16**）.

**C　リレーショナルデータベース**

**リレーショナルデータベース**とは，データを行と列からなる 2 次元の表（テーブル）で管理し，表と表を共通する項目で関連付けたデータベースのことをいう. たとえば，学籍に関する情報は学籍管理テーブル，担任に関する情報は担任管理テーブルといった 2 次元の表で管理する（**図 1.17**）. 学籍管理テーブルと担任管理テーブルを，共通する項目（担任番号）で関係付けることによって，学生の担任の氏名を知ることができる. 学籍番号や担任番号は重複しない番号（**主キー**）を付ける必要がある.

**問合せ**
リレーショナルデータベースでは SQL 言語で問合せを行う.

**主キー**
テーブルから 1 件のレコードを特定するためのユニーク（一意）な番号のことをいう.

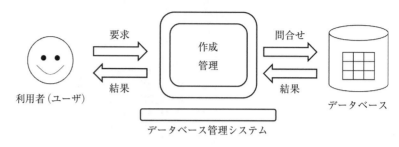

図1.16　データベース管理システム

関係（リレーション）

| 学籍番号 | 氏名 | 電話番号 | 担任番号 |
|---|---|---|---|
| 1001 | 木田波留 | 12-3456 | 101 |
| 1002 | 瀬戸奈津 | 23-4567 | 101 |
| 1003 | 土田亜希 | 34-5678 | 102 |

学籍管理テーブル

| 担任番号 | 氏名 |
|---|---|
| 101 | 瀬古陸 |
| 102 | 加藤海 |
| 103 | 石黒空 |

担任管理テーブル

図1.17　リレーショナルデータベース（テーブルとテーブルの関係）

### D　集合演算と関係演算

　リレーショナルデータベースでデータを操るためには，表（テーブル）に格納されたデータに対して，規則的な処理ができる仕組みが必要になる．表に対する規則的な処理には**集合演算**と**関係演算**がある．

　集合演算には，2つの表を足す**和演算**，2つの表の差をとる**差演算**，2つの表の共通部分をとる**積演算**がある（**図1.18**）．

　関係演算には，条件を満たす行（レコード）を取り出す**選択演算**，必

| 担任番号 | 氏名 |
|---|---|
| 101 | 瀬古陸 |
| 102 | 加藤海 |
| 103 | 石黒空 |

差

| 担任番号 | 氏名 |
|---|---|
| 101 | 瀬古陸 |
| 102 | 加藤海 |

結果

| 担任番号 | 氏名 |
|---|---|
| 103 | 石黒空 |

図1.18　集合演算（例：差演算）

| 学籍番号 | 氏名 | 電話番号 | 担任番号 |
|---|---|---|---|
| 1001 | 木田波留 | 12-3456 | 101 |
| 1002 | 瀬戸奈津 | 23-4567 | 101 |
| 1003 | 土田亜希 | 34-5678 | 102 |

選択 →

| 学籍番号 | 氏名 | 電話番号 | 担任番号 |
|---|---|---|---|
| 1001 | 木田波留 | 12-3456 | 101 |
| 1002 | 瀬戸奈津 | 23-4567 | 101 |

**図 1.19** 関係演算（例：担任番号 '101' を取り出す選択演算）

要な列（フィールド）を取り出す**射影演算**，共通する列（フィールド）をもとに 2 つの表を結合する**結合演算**がある（**図 1.19**）.

### E　データを操る SQL 言語（Structured Query Language）

リレーショナルデータベースでは，集合演算や関係演算などのデータベースへの問合せを **SQL 言語**で行う．ここでは，関係演算のうち，条件を満たす行（レコード）を取り出す選択演算（SELECT 文）の SQL 文を示す．たとえば，図 1.17 の学籍管理テーブルから担任番号が '101' の行（レコード）を取り出す SQL 文は次のようになる.

```
SELECT   *   FROM   学籍管理テーブル
         WHERE   担任番号  =  '101';
```

このような SQL 文を利用することによって，データベース内にあるテーブルのデータを自由自在に操ることが可能となる.

### 練 習 問 題

1.1　次の文章中の（）に入る適切な語句を記述しなさい.

コンピュータは，コンピュータ本体の（①）と，コンピュータを動かすために必要なプログラムやデータなどの（②）からなる．コンピュータは 5 つの装置から構成されている．コンピュータに文字や数値などのデータを入力する装置は（③）である．入力されたデータやプログラムを一時的に記憶する装置は（④）であり，長期的に記憶する装置は（⑤）である．記憶されたプログラムに従って四則演算や論理演算を行う装置は（⑥）である．記憶されたプログラムを解読して各装置に命令を送る装置は（⑦）である．（⑥）と（⑦）は一つの装置として実現されており（⑧）と呼ぶ．プログラムとデータを（④）において実行する方式は（⑨）である．記憶されたプログラム（命令）を一つずつ順番に解読して実行する方式は（⑩）である.

1.2　次の文章中の（）に入る適切な語句を記述しなさい.

　ソフトウェアは，ハードウェアの機能を効率的に利用する（①）と，データ分析などの業務処理を効果的に行う（②）の2つに分類できる. コンピュータの電源が投入されるとウィンドウズなどの（③）が起動される. （③）は，（①）の中の（④）に位置づけられる. （④）のうち，ハードウェアを管理するプログラムは（⑤），プログラム言語を機械語に翻訳するプログラムは（⑥），各種サービスを提供してくれるプログラムは（⑦）と呼ぶ.（④）と（②）の中間に位置しており，共通に利用する機能を提供してくれるソフトウェアは（⑧）である.（②）は，ワープロソフトや表計算ソフトなどの（⑨）と個別に作成されるオーダーメイドの（⑩）に分けられる.

1.3　次の2進数を10進数に変換しなさい.

　　①1　　　　②11　　　　③101　　　　④1101　　　　⑤10000

〔参考文献〕

[1] 北川源四郎他：教養としてのデータサイエンス，講談社，2022

[2] 岡本敏雄監修：標準教科書よくわかる情報リテラシー，技術評論社，2013

[3] 馬場敬信：コンピュータのしくみを理解するための10章，技術評論社，2005

[4] 角谷一成：基本情報技術者合格教本，技術評論社，2016

[5] 平井利明他：基本情報技術者プラスアルファ ハードウェア，実教出版，2005

[6] 菅由紀子他：最短突破 データサイエンティスト検定（リテラシーレベル），技術評論社，2022

[7] 平井利明他：基本情報技術者プラスアルファ ソフトウェア，実教出版，2005

<table>
<tr><td>**2**</td><td># 社会の変化とデータサイエンスをみる</td></tr>
</table>

　この章では，社会の変化として，狩猟社会から超スマート社会までの変化，社会にデータが急増している背景，個人データやセンサーデータについて学ぶ．その上で，大規模なデータセットから実用的な知見や主要なデータを見出すデータサイエンスについて，販売情報や顧客情報の利用，迷惑メールの検出，野球のセイバーメトリクスを例に，社会との関係を学習する．最後に，データサイエンスの基礎となる知識についても概観する．

## 2.1　社会の変化

　私たちの社会は，これまで長い間にわたり，狩猟社会，農耕社会，工業社会，情報社会という変化をたどってきた（**図 2.1**）．情報化における仕事や生活の大きな変化は，記憶に新しいことである．政府は，第 5

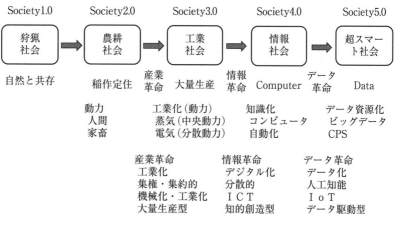

図 2.1　社会の変化

期科学技術基本計画（2016 年）において，これからの新しい社会をこれまでの社会の流れに続く Society5.0 として，その概要を示している．ここでは，社会の変化についてまとめてみる．

Society1.0 は，人が狩りをして生活する社会であり，狩猟社会の時代である．Society2.0 は，農耕により食料を育て，収穫することで安定的な生活をする社会であり，農耕社会の時代である．

Society3.0 は，機械によって規格品を大量生産できるようになった工業社会である．工業社会の特徴としては，規格化，分業化，同時化，集中化を挙げることができる．分業化は，工場の流れ作業に代表されるように，限られた範囲を専門的に集中的に作業することで効率向上に貢献した．同時化は，複数の人々が共同で共通の時間で作業を行うことである．つまり，同一時刻に一斉に始める工場指向の生産方式である．これにより，時間に縛られる社会となった．集中化（中央集権化）は，人口の都市への集中や資本の大企業への集中を招いた．

Society4.0 は，PC やインターネットの普及により情報の伝達やデータ処理が経済の中心となった**情報社会**である．情報社会では，工場の生産ラインの自動化だけでなく，情報のデジタル化も進んだ．代表的な例として，書籍の印刷物（アナログ）から電子出版（デジタル）への変化がある．これに伴い，知識基盤の変化も起こり，知識基盤の中心が，静的基盤である書籍から，動的基盤であるネット上の共同体中心に変化した．さらに，メディアが，出版，通信，放送などのカテゴリーの独立の体制から，通信と放送の融合などのカテゴリーの融合の体制に再編された．そして，ソーシャルメディア化は，権威ある情報発信から大衆からの情報発信に変化した．これにより，デジタル化に伴う新しい仕事が発生し，従来からの仕事には，なくなったものもある（**図2.2**）．

これからの新しい社会である **Society5.0**（超スマート社会）は，実世界（Physical Space）とサイバー空間（Cyber Space）を高度に融合

Society5.0
サイバー空間（仮想空間）とフィジカル空間（現実空間）を高度に融合させ，経済発展と社会的課題の解決を両立する社会．

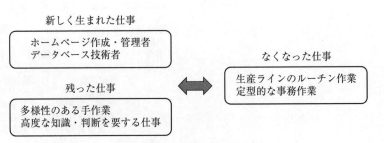

**図2.2** 情報社会での仕事の変化

させたシステム（**CPS**：Cyber Physical System）により，経済発展と社会的課題の解決を両立する人間中心の社会（Society）であるといわれている．私たちの生活におけるサイバー空間（インターネット空間）との接点はパソコンやスマートフォンに限らず，車や家といった生活空間にも広がりつつある．生活において収集された多様な分野のデータは分析・融合され，生活を豊かにするとともに，エネルギー問題などの社会的な課題の解決へも繋がっていくことが期待されている．

Society 5.0 は，IoT（Internet of Things）で人とモノがつながり，ロボット，人工知能（AI），ビッグデータといった新しい技術知識や情報の共有により，新たな価値を生み出していく社会ともいわれている．

## 2.2 新しい社会とデータ

ビッグデータ
大規模でより複雑なデータセットであり，これまで解決できなかった多様な課題の解決に有効である．

近年は**ビッグデータ**の時代といわれる．ビッグデータには，3V がある．Variety（多様性），Volume（量），Velocity（速度）の頭文字の 3V である．**Volume** は収集できるデータ量の増大，**Variety** は社会のデジタル化による多様性，**Velocity** はデータ取得の高速化・高頻度化である（**図 2.3**）．

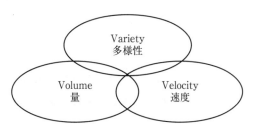

**図 2.3** ビッグデータの 3V

ビッグデータの時代の背景には，**図 2.4** に示すように，オフィスでのデータ量の急増のほかに，情報通信技術の飛躍的な発展による個人のインターネットに基づいた行動（無意識なインターネット利用）がある．

**図 2.4** ビッグデータの背景

さらに，IoT 技術の発達により，センサー情報もインターネットを介して容易に収集できるようになったことなども大きく影響している．これまで管理できなかったデータが入手できるようになり，これらを解析することで，ビジネスや社会に有用な知見を得られるようになってきた．

### 2.2.1　オフィスデータ

現在，多くの企業では，生産，販売，財務，顧客管理などの基幹業務は電子化されている．主に工場などで使用されている生産管理システムでは，生産量，納期，工数，製造原価，品質などのデータを管理している．主に小売業や製造業などで使用されている販売管理システムでは，取扱商品の取引に関するデータ（受注，出荷，納品，請求，入金など）を管理している．そして，それぞれのシステムで，関連するデータをデータベース管理システム（DBMS：Database Management System）に蓄積している．蓄積されるオフィスデータの量は，企業の成長や時間の経過に伴って増大していく．さらに，近年では，企業は，センサーデータ，Web ログデータ，ソーシャルネットワーキングサービス（SNS：Social Networking Service）のデータなどの新しいデータソースからもデータ収集していく傾向にあり，組織のデータ量はますます巨大化している．

### 2.2.2　個人データ

スマートフォンや交通系 IC カードの普及は，個人が発信するデータの増加に大きな影響を与えている．スマートフォンは，いつでもどこでもインターネットと接続できる状態にある．SNS の利用も使い勝手のよいアプリの普及により急増している．データ量の多い写真や動画の交換も盛んに行われている．そして，情報検索のための Web 検索履歴，メールによる通信履歴，SNS の通信記録などがネットワーク上に蓄積されている．また，交通系 IC カードは，当初，交通機関の乗降を目的に導入された．最近では，駅構内などにおける購買にも利用できるようになり，利用記録の蓄積範囲が拡大してきている．このように，個人の行動に伴う大量の記録は日々蓄積されている．

### 2.2.3　センサーデータ

センサー技術と IoT の進展により，機械の稼働状況を表す温度，圧力，電圧の値や，日射量のような自然環境に関する値などを容易に収集

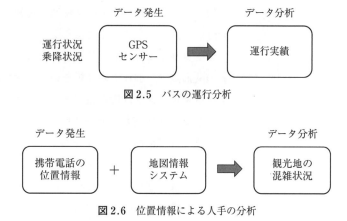

図 2.5　バスの運行分析

図 2.6　位置情報による人手の分析

できるようになった．これらのセンサーデータは，日々，膨大に生成・記録される時系列性・リアルタイム性のあるデータである．また，地図情報のデジタル化も進んでいる．そして，これらの値を組み合わせて新たな価値を生み出すことができるようになってきている．

　たとえば，バスの運行会社は，バスに取り付けた乗降把握のセンサー情報と GPS を利用した地図情報を組み合わせて，バスの運行実績を分析し，バスの効率的な運行計画の作成に利用するなどしている（**図2.5**）．

　また，携帯電話の位置情報と地図情報を組み合わせると，観光地の混雑情報の提供に利用できる（**図2.6**）．

## 2.3　社会とデータサイエンス

### 2.3.1　データサイエンス

　**データサイエンス**は，社会に存在する大規模なデータセットから実用的な観察結果や主要データセットを見出すためのデータ分析の一連の分野である．人間は，3つ程度の変数のルールをチェックすることにはかなり優れているが，それを超えると，相互作用を処理するのに苦労し始める傾向がある．対照的に，データサイエンスでは，数十，数百，場合によっては数百万の変数からパターンを探す場合でも動作させることができる．

　データサイエンスには，問題定義からアルゴリズム，データセット抽出のプロセスまでの領域が含まれる．具体的には，機械学習，統計，大

規模データ処理技術，データ倫理と規制，対象領域の知識などの幅広い分野の知識を融合することになる.

　**データサイエンス**と同じようなものに，データマイニングがある. 両者の共通点は，データの分析を通じて意思決定を改善することである. **データマイニング**は構造化データの分析を対象にし，企業での使用を前提にしている. 一方，データサイエンスでは，構造化データに加えて，構造化されていないソーシャルメディアや Web データなどの大きな非構造化データセットをも対象にしている，データサイエンスやデータマイニングは，ビジネス，行政，教育，医療，スポーツなど，社会のさまざまな分野で，その役割が増してきている. そして，データクリーニングなどのデータ前処理の重要性が再確認されている.

### 2.3.2　販売情報への利用

　販売活動において，顧客単価を向上させる手法のひとつに**クロスセル手法**がある，これは，商品やサービスを購入しようとしている顧客に，別の商品やサービスをセットで購入してもらうことで顧客単価を向上させる手法である. たとえば，ファーストフード店で「ご一緒にポテトはいかがですか？」「ドリンクバーはいかがですか？」などの言葉かけをよく聞く. この言葉かけが，初歩的なクロスセル手法である. 大型小売店では，レジ待ち列の脇にガムや季節用品などがよく陳列されている. 消耗品の買い忘れ対応や，あれば使う商品のクロスセルである. e-コマースでは，発注した商品に関連した商品のメールがよく送られてくる. 効果的なクロスセルを行うためには，企業は，どの商品とどの商品が同時に買われることが多いかを把握する必要がある. このデータ分析にデータサイエンスが利用される.

### 2.3.3　顧客情報への利用

　大量の顧客情報とマーケティング活動を結び付ける解決策の一つにデータサイエンスからのアプローチがある. 具体的な方法の一つに，顧客をその特性に応じて複数のクラスター（グループ）に分け，クラスターの特徴に応じたマーケティング活動を行う方法がある. このような大量のデータをいくつかのクラスターに分けることを**クラスタリング**という.

　顧客をクラスターに分けるための顧客属性（特性）は，多数存在する. 典型的な例として，年齢，性別，郵便番号，住所，家族構成などの

*クラスタリング*
**4.4.2 参照**

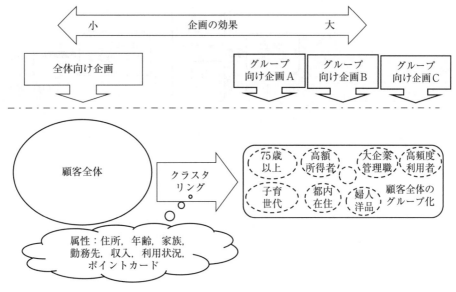

**図 2.7**　顧客情報のクラスタリング

基本属性，購入した商品の日付や金額などの履歴情報，年収，ポイント
カード情報，返品やクレームの履歴などがある．

　クラスタリングでは，属性値の類似性に基づいて顧客をグループ化す
ることになる（**図 2.7**）．最終段階では，クラスタリングにより生成さ
れた各クラスターに対して，人間の領域専門家が解釈することになる．
そして，クラスタリングで良い結果を得るためには，対象とする属性を
定め，クラスタリングを行い，人間による結果判断を，何回か繰り返す
ことになる．つまり，クラスタリングでは，どの属性を選択し，どの属
性を除去するかの判断が最も重要である．

### 2.3.4　迷惑メール検出への利用

　データサイエンスを迷惑メール検出に適用することを考えてみる．た
とえば，「お金儲けがすぐできます」という文が検出できた場合のみ，
迷惑メールと判別するようなケースにデータサイエンスを適用するよう
なことは意味がない．理由としては，専門家であれば容易に思いつくで
あろう文のみを対処していることや，人間が容易に判断できるレベルの
データ量である，などがある．

　データサイエンスを適用して効果が得られるのは，人間が管理できる
レベルをはるかに超えるデータ量や関係の複雑さがあるケースである．
人間は，ひとつ，ふたつの属性の作用（基準）を判断する能力は優れて

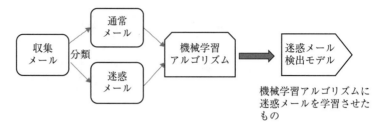

**図 2.8**　迷惑メール検出のための学習

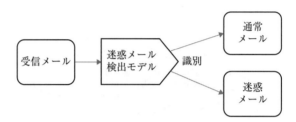

**図 2.9**　迷惑メール検出の運用

いる．しかし，データ数が増加し，データの相互関係をも使用するような複雑な判断になると，適切に判断することは容易ではなくなる．データサイエンスは，数十，数千の属性からパターンを探すような事例に適用すると，その強みが発揮される．

　そこで，迷惑メール検出のためのデータサイエンスプロジェクトが，その強みを発揮するための手順を3段階に分けて説明する．

　（1）　**図 2.8** に示すように，大量のメールを収集し，通常メールと迷惑メールに分類する．

　（2）　迷惑メールと通常メールを分類することを目的として，機械学習アルゴリズムに，通常メールと迷惑メールの分類を学習させる．

　（3）　**図 2.9** に示すように，機械学習アルゴリズムに迷惑メール検出を学習させた機械学習モデル（関数）を組み込み，新たに受信したメールを通常メールと迷惑メールを分類させる．

　このような手順で，数多く存在する迷惑メールを通常メールとを識別させる機械学習モデルを利用することができる．

## 2.4　セイバーメトリクス

　データサイエンスは，スポーツの分野でも利用されている．映画「マネーゲーム」は，スポーツでのデータサイエンスの価値を的確に表して

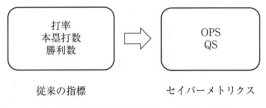

図 2.10　従来指標とセイバーメトリクス

いる．マネーゲームは，アメリカの大リーグのある球団が，野球のデータを統計学的見地から客観的に分析し，選手の評価や戦略を考える分析手法である**セイバーメトリクス**を採用して成功する様子を映画化したものである．セイバーメトリクスは，従来からの打率や勝利数に代わるプレーの価値を測定する新しい指標である（**図 2.10**））．近年では，多くの球団がデータ駆動型戦略を採用している．

　セイバーメトリクスには，打撃，守備，投手などにおいて，さまざまな指標がある．大リーグのテレビ中継で，しばしば目にする OPS（On-base plus slugging）も，セイバーメトリクスで重用されている統計量の一つである．OPS は，打者を評価する指標の一つであり，出塁率と長打率を足し合わせた値である．数値が高いほど，打席当たりでチームの得点増に貢献する打撃をしている打者だと評価することができる．出塁率と長打率の和によって簡単に求めることができる．出塁率は四球，死球，安打で出塁した割合を表し，長打率は 1 打数当たりの塁打数の平均値を表す．

　QS（Quality Start）は，先発投手を評価する指標である．先発投手が 6 イニング以上を投げ，かつ自責点を 3 点以内に抑えると記録される．QS は，先発投手としての安定感を示す数値となる QS 率とともに使用されることが多い．QS 率が高いほど安定した先発投手であると評価することができる．

　日本人選手の大リーグでの主な記録には，次のようなものがある．

大谷翔平　2022 年　安打数 160　　OPS 0.875
イチロー　2004 年　　　　262　　　　　0.869

## 2.5　データサイエンスの知識

　組織では，課題解決のためにデータサイエンスプロジェクトを推進する．大量のデータを収集・分析して，プロジェクトを成功させるために

は，情報分野，確率統計，機械学習，対象領域の4分野の知識・人材が必要とされる．

### 2.5.1　情 報 分 野

　情報分野としては，データベースや情報可視化などの知識を挙げることができる．企業の多くの業務データは，リレーショナルデータベース管理システム（RDBMS）で管理されている．データサイエンスプロジェクトでは，焦点となっている課題を解決するために，これらのデータから，関連データを抽出・統合することになる．

　データを可視化すると，データで何が起こっているのかを簡単に理解できる．可視化は，分布の傾向や外れ値，時間経過に伴うデータの微妙な変化など，表形式では見逃しがちなデータの特性の理解を支援してくれる．このため，**情報可視化**（Information Visualization）は，データサイエンスプロジェクトにおいて，多様な場面で利用されている．

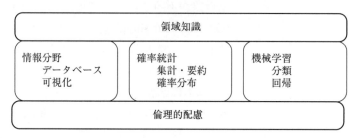

**図2.11**　データサイエンスに必要な知識

### 2.5.2　確率統計分野

　統計分野としては，集計や要約を行う記述統計，推定や検定を行う推測統計，正規分布などの確率分布などの知識が必須である．

　**記述統計**は，基本的なデータ処理など多くの場面で必要となる．たとえば，対象とするデータの中心（平均値，中央値）や分布の傾向（標準偏差）を把握するときになる．2つのデータの関連を見ようとすれば，相関係数の知識が必要となる．また，アンケート調査の結果を読み取るためには，どのような方法でデータが収集されたかは，非常に重要である．

　**推測統計**は，標本データからその背後にある母集団の特性を判断するときに使用される．たとえば，ある町の40代男性200名の中性脂肪の観測値から，その町の40代男性8000名全員の中性脂肪の値を推測する

場合などに使用する．

　**時系列解析**は，時間経過に伴って変化するデータを分析するときに使用される．2月と7月の売上げは大きく異なるであろう．しかし，これは季節変動として捉える必要がある．

### 2.5.3　機械学習分野

　機械学習の知識としては，教師あり学習と教師なし学習が代表的なものである．**教師あり学習**とは，人間が問題と答えのデータを与えて，AIがそのデータを分析し，問題から正しい答えを導き出せるようにパラメータを自動調整するという仕組みである．回帰問題と分類問題に大きく分けることができる．回帰問題は，連続した数値を予測することである．たとえば，不動産の住宅規模データを与えられたときに，販売価格を予測することである．分類問題は，あるデータを与えられたときに，それがどのクラスに属するものかを予測することである．たとえば，送られたきたメールを迷惑メールかそうでないかと分類するといった問題である．

教師あり学習
4.4.1 参照

　**教師なし学習**もさまざまなアルゴリズムがあり，データやタスクに応じて適切なものを選択することが求められる．以下に，教師なし学習の代表的なアルゴリズムをいくつか紹介する．

教師なし学習
4.4.2 参照

　**k means 法**（k-means Clustering）：
　　データをk個のクラスタに分割するクラスタリングアルゴリズム
　**階層的クラスタリング**（Hierarchical Clustering）：
　　データの類似性に基づいて階層的クラスタを構築するアルゴリズム
　**主成分分析**（PCA, Principal Component Analysis）：
　　データの次元を削減するために使用されるアルゴリズム

### 2.5.4　領域知識と倫理的配慮

　対象領域の知識は，実際の課題解決において，ある程度の領域固有の知識が必要になる．実際のデータサイエンスプロジェクトは，実世界の領域特有な問題から始まり，その問題に関するデータ駆動型解決策を設計することになる．このため，対象としている問題の重要性や，組織のプロセスに適合するデータ駆動型解決策を設計・実施するためにも，対象領域固有の専門知識が必要となる．

## 練 習 問 題

**2.1**　適切な語句を記入しなさい.

工業社会は, 機械によって（①）を大量生産した社会である. そして, 同一時刻に一斉に作業を始める（②）に縛られる社会であった. 情報社会は, 工場の生産ラインの自動化だけでなく, 書籍や印刷物から電子出版に変化したように, 社会の（③）が進んだ. これに伴い,（④）な事務作業などの仕事はなくなったが, 一方で, データベース管理者などの新しい仕事が生まれた.

**2.2**　適切な語句を語群から選びなさい.

近年はビッグデータの時代といわれる. ビッグデータには, 3V がある.（①）は収集できるデータ量の増大,（②）は社会のデジタル化による多様性,（③）はデータ取得の高速化・高頻度化である. ビッグデータの時代の背景には, オフィスでのデータ量の急増のほかに, 情報通信技術の飛躍的な発展による個人の（④）に基づいた行動がある.

　　[語群]　Volume　Internet　Variety　IoT　Velocity

**2.3**　適切な語句を記入しなさい.

社会に存在する大規模な（①）から実用的な観察結果や主要なデータセットを見い出すためのデータ分析の一連の分野が（②）である. 人間は, 3 つ程度の変数のルールをチェックすることにはかなり優れているが, それを超えると, 相互作用を処理するのに苦労し始める傾向がある.（②）では, 数百, 数千の変数からパターンを探す場合でも動作させることができる. 大量の顧客情報とマーケティング活動を結び付ける具体的な方法の一つに, 顧客をその特性に応じて複数の（③）に分け, その特徴に応じたマーケティング活動を行う方法がある. このような大量のデータをいくつかの（③）に分けることを（④）という.

**2.4**　適切な語句を記入しなさい.

データサイエンスプロジェクトにおいて有効な情報分野の知識としては,（①）と（②）の知識がある. 企業の多くのデータは, RDBMS で管理されている. これらのデータから, 関連データを抽出・統合するために必要な知識が（①）である.（②）は, データで何が起こっているのかを理解することを支援する.（②）は, 分布の傾向や外れ値, 時間経過に伴うデータの微妙な変化など, 表形式では見逃しがちなデータの特性の理解を支援してくれる.

〔参考文献〕

[1] 鳥越規央：統計学が見つけた野球の真理, 講談社, 2022

[2] 増井敏克：図解まるわかり　データサイエンスのしくみ, 翔泳社, 2022

[3] 三好大吾：AI＆データサイエンスの全知識，インプレス，2022

[4] 北川源四郎，竹村彰通：教養としてのデータサイエンス，講談社，2021

[5] 小高知宏他：文理融合　データサイエンス入門，共立出版，2021

[6] John D. Kelleher, Brendan Tierney：DATA SCIENCE, MIT Press, 2018

[7] 上藤一郎他：データサイエンス入門，オーム社，2018

[8] 総務省：平成 26 年版　情報通信白書，2014

[9] 小林孝嗣：ビッグデータ入門，インプレス，2014

[10] 新井紀子：コンピュータが仕事を奪う，日本経済新聞社，2010

# 3 企業におけるデータの利活用を知る

この章では，企業や組織におけるデータ利活用の段階として，データ一元化の段階からデータ分析の段階までを学ぶ．そして，データウェアハウスを利用してのオンライン分析の概要や，データ分析を成功させるために必須であるデータの前処理についても学習する．さらに，多くの企業で活用しているビジネスインテリジェンスについて概観する．最後に，データ分析の一般的なプロセスについても学ぶ．

## 3.1 DB と DWH

企業のデジタル化は進み，現在，多くの企業はデータの管理・活用に注力を注いでいる．そこで，組織におけるデータ管理の時間的変化の様子を，データベース（DB：Database）の導入から**データウェアハウス**（DWH：Data Warehouse）の利用までの 4 段階に区分して説明する（**図3.1**）．

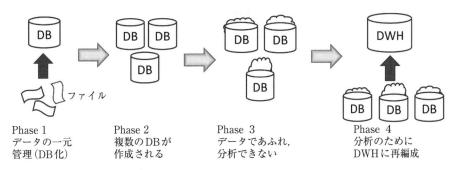

Phase 1
データの一元
管理（DB化）

Phase 2
複数のDBが
作成される

Phase 3
データであふれ，
分析できない

Phase 4
分析のために
DWHに再編成

**図3.1** データベースからデータウェアハウスへの変化

### 3.1.1　Phase 1（データベースの導入）

　企業内の情報化では，当初，アプリケーションによってファイルが作成され，データの追加・更新・検索・削除を行うようになる．アプリケーションが異なると新しいデータ項目が必要になり，新しいファイルが作成される．そして，複数のファイルに同じデータが重複して存在することになり，特定のデータを変更するのに，複数のファイルのデータ変更が必要になり，データの管理が複雑になってしまう．このような状況になると，データベースが利用されるようになる．

### 3.1.2　Phase 2（データベースの活用）

　データベースは特定の業務を遂行するためのデータの集まりである．データベースを管理するシステムをデータベース管理システム（DBMS：Database Management System）という．DBMS は，**オンライン・トランザクション処理**（OLTP：Online Transaction Processing）のためのデータの重複の排除や複数利用者の同時アクセス制御，さらに，データベースの構造の変更などの機能を有する．このため，企業の多くの部門で利用されている．

### 3.1.3　Phase 3（データの氾濫）

　DBMS は，データの保存と取得などの大量の単純な操作を特徴とする動作向けに最適化されている．このため，企業は日々膨大な量のデータを容易に蓄積できるようになり，データベースに集積保存されたデータ量は，急速に大規模化していくことになる．そして，そのデータ量は人間が専用ツールなしで解釈できる範囲を超えてしまうことになる．

### 3.1.4　Phase 4（データウェアハウスの導入）

　企業・組織は，継続的に業務を遂行していくためには，意思決定を行わなければならない．効率的な意思決定には，長期的なデータの保存・分析が必要となる．データベースがデータで溢れ，有効な活用ができない状況を改善するために開発されたものが，データウェアハウス（DWH：Data Warehouse）である．データウェアハウスは，意思決定をサポートすることを目的としたデータの集約と分析のためのソフトウェアである．データウェアハウスは，データの分析を支援する目的として，複数のデータベースから分析に適した形式でデータを再編成して

いる．データウェアハウスの設計では，トップダウン的・経営的視点が
重要である

### 3.1.5 データウェアハウスの特徴

データウェアハウスの主な特徴を3点あげる．第1に，特定の対象や
その周辺に簡潔な視点を提供することがある．意思決定に不要なデータ
は除去されることになる．第2に，複数のデータソースを統合して，視
点を提供することである．属性名やデータのコード体系などの一貫性を
維持することに十分な注意を払っている．第3に，時間経過的な見方で
情報を提供することである．それぞれのデータは，時間要素を直接的・
間接的に含んでいる．

最後に，DBMSとデータウェアハウスを簡単に比較する．利用目的
には，業務遂行（DBMS）と意思決定（DWH）の違い，利用形態には，
トランザクション処理（DBMS）と分析処理（DWH）の違いがある，
さらに，データの更新には，有り（DBMS）と無し（DWH）の違いが
ある．このように，DBMSとDWHには，大きな相違点がいくつもある．

## 3.2 オンライン分析処理

### 3.2.1 データウェアハウスの構築

データの分析に積極的に取り組んでいる組織では，データウェアハウ
スの導入が進んでいる．データウェアハウスでは，複数のソースから
データを抽出・集計し，大量のデータを一元的に統合することに重点が
おかれる．さらに，データを多次元形式に再編成している．データウェ
アハウス構築においては，構築後に，**オンライン分析処理**（OLAP：
Online Analytical Processing）を行うことを前提にしている．OLAP
は，一元的に統合された大量のデータを対象にし，高速に多次元分析を
行う処理である．このため，DBMSでは，オンライントランダクショ
ン処理（OLTP）処理を高速に繰り返し実行するために必要なトランザ
クションの一貫性を確実にするために同時実行や回復のための機能を有
するが，DWHでは，このような機能はあまり重視されない．

データウェアハウスの構築では，データ分析が円滑に進むように，
データの再編成を行っている．地域，製品，顧客などの視点を軸に，複
数の次元（ディメンション）に再構成している．具体的には，地域（地

方，県，市町村，店舗），時間（年，四半期，月，週，日），製品（パソ
コン，タイプ，ブランド）などのディメンションが存在している．

### 3.2.2　OLAP 処理

　これらのデータを対象にした OLAP 処理の例として，「都道府県別に
四半期ごとにすべての品目の売上げを昨年と比較する」などのような処
理要求がある．このような処理要求に対して，データウェアハウス内の
データを操作して，データのさまざまなビュー（視点）を取得して要求
に適合するデータを抽出することになる．

　データウェアハウスにおいて，データを操作してさまざまなビューを
取得するためには，データキューブと呼ばれるデータ表現を構築してお
く必要がある．データキューブは，複数のディメンションから構成され
る．店舗の売上げ比較の OLAP 要求を処理するためのデータキューブ
には，地域，時間，商品区分の3ディメンションの定義が必要になる
（**図3.2**）．ディメンションは，データを分析する視点と考えることがで
きる．

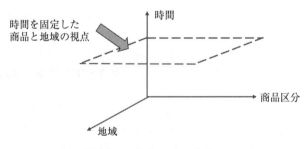

**図3.2**　ディメンションと視点

### 3.2.3　コンセプト・ハイアラーキ

　OLAP 処理における分析の視点には，データの集約・分析の視点と
ディメンションの軸を変化させる視点とがある．**コンセプト・ハイア
ラーキ**（Concept Hierarchy）は，分析対象属性に対して，低レベル概
念から高レベル概念への階層的な列を定義したものである．**図3.3**は，
地域，時間，商品区分の3つのディメンションに対応するコンセプトハ
イアラーキを示す．**図3.4**は，商品の階層的区分の例を示す．また，選
択されたデータベースの部分が同一であっても，ユーザの視点が異なれ
ば，異なるコンセプト・ハイアラーキが構成されることもある．

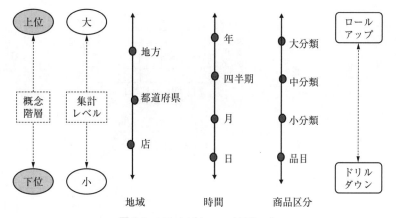

図3.3 コンセプト・ハイアラーキ

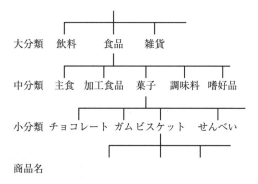

図3.4 商品の階層的分類

　次に，コンセプト・ハイアラーキにおいて，階層を上下することを考える．より高い概念の階層に移動する操作はロールアップ（Roll up），より低い概念の階層に移動する操作はドリルダウン（Drill down）と呼ばれる．ロールアップやドリルダウンによって，ユーザはさまざまな視点からデータをみることができる．

　**ロールアップ**は，意味的にはより高い概念で捉えることであり，データの取り扱いでは視点数を集約することである．つまり，詳細度の低いデータを表示することになる．**図3.5**に示すように，福井，石川，京都，大阪，福岡などの都道府県に従って，製品の売上げを表示しているとする．ロールアップ操作では，北陸，関西，九州などの地方に基づいた売上データのビューに移動することである．

　**ドリルダウン**は，意味的にはより低い概念で捉えることであり，データの取り扱いでは次元の追加や概念の詳細化を行うことである．たとえば，売上データの四半期別の表示から移動して，月別で表示する操作で

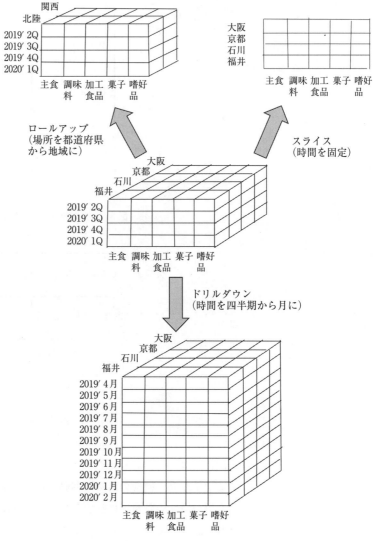

**図 3.5** OLAP 操作の例

ある．

　**スライス**は，OLAP キューブから2次元ビューを作成することである．たとえば，商品，都市，四半期のデータで構成するキューブをスライスすると，特定の四半期について，商品と都市で構成されるテーブルを作成できる．

## 3.3 データ前処理

　データサイエンスやデータマイニングのような複数のデータソースからデータを抽出して，データ分析を行う場合には，分析の前に，データの前処理が必要になる．分析したいデータに「興味のある属性が欠けている」，「誤りや外れ値が多い」，「コードが誤っている」などのようなことがあることは珍しくない．コンピュータ科学で，かつて，GIGO（Garbage In Garbage Out）という言葉があったが，現代のデータ分析でも，同じことがいえる．データ分析の成否は，データの正確さに大きく影響される．破損しているデータや不正確なデータを使用したデータ分析では，効果的な結果は期待できない．つまり，データの品質を確認する段階が重要となる．**データ前処理**は，図 3.6 のように，データクリーニング，データ統合，データ変換，データ縮小の 4 つに分類できる．

**データ前処理**
データ分析の成否は，データの正確さに大きく影響されるため，データの品質を確認する段階が必要となる．

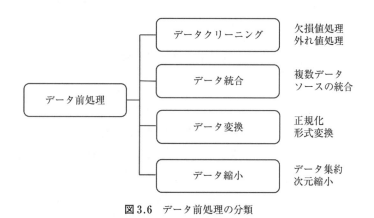

**図 3.6**　データ前処理の分類

### 3.3.1　データクリーニング

　**データクリーニング**では，**欠損値**の埋め込み，ノイズの多いデータの補正，**外れ値**の処理，不一致の解消などを行う．例として，顧客データのデータクリーニング処理を考える．いくつかのデータに，年間収入の属性に記入漏れが見つかった．こんな場合，いくつかの対応策がある．最も簡単なものが，該当データを分析対象から除外することである．しかし，多くの属性から成り立つデータにおいて，複数属性の値の欠損でなく，単一属性の値の欠損で対象外にするのは，適切ではない．また，

手作業で欠損値を埋めていく方法もある．時間がかかる．さらに，欠損している属性の平均値を挿入する方法もある．欠損値の処理だけでも，多様な方法があり，状況に応じた処理が必要になる．

### 3.3.2　データ統合

データ分析においては，複数のデータソース（データベースなど）からデータを集めることもある．このような場合は，**データ統合**が必要となる．複数のデータソースから集めると，顧客 ID と Customer_ID のように実世界では，同一のものが異なる属性名となっていることもある．中には，一見しただけでは，判断のつかないものもある．このような場合は，データベースやデータウェアハウスに存在するデータの説明（メタデータ）が役に立つ．また，異なるデータソースで異なる値を有するデータもある．顧客名に，"山田太郎"と登録されている場合，"ヤマダタロウ"の場合，"やまだたろう"の場合など，いろいろな登録がされていることがある．このような場合は，どれか一つに決める必要がある．

メタデータ
**7.2.1 参照**

### 3.3.3　データ変換

**データ変換**には，ある値から別の値へのデータ変更や複数のデータの組合せへの変更が含まれる．このステップでは，データの平滑化，ビニング，正規化のほか，特定の変換を実行するためのカスタムコードの作成など，さまざまなテクノロジを使用する．データ変換の例としては，顧客年齢の処理がある．多くのデータサイエンスタスクでは，顧客の年齢を正確に区別することに大きな意味はない．42歳の顧客と43歳の顧客の違いには，多くの場合意味がない．しかし，42歳の顧客と52歳の顧客の区別には有益な場合が多い．その結果，多くの場合，顧客の年齢は実際の年齢から一般的な年齢範囲に変換される．年齢を年齢範囲に変換するこのプロセスは，**ビニング**（binning）と呼ばれ，データ変換手法の一つである．技術的な観点から見ると，ビニングは比較的簡単である．ここでの課題は，ビニング中に適用する最も適切な範囲のしきい値を特定することである．間違ったしきい値を適用すると，データ内の重要な区別が不明瞭になる可能性がある．ただし，適切なしきい値を見つけるには，ドメイン固有の知識や試行錯誤の実験プロセスが必要になる場合がある．

ビニング
多くのデータをいくつかのビンにまとめる（ビン分割）する処理．

### 3.3.4 データ縮小

**データ縮小**には，データ集約や次元縮小がある．データ集約の例として，2016年から2020年の月次の販売データが存在していた場合を考える．このとき，月次ではなく，四半期合計売上や年間売上高（年間の合計）に興味をもっているのであれば，データは四半期毎や年毎にまとめる．結果としての，分析タスクに必要な情報消失なしで，量的にはより小さくすることができる．

### 3.4 ビジネスインテリジェンス

**ビジネスインテリジェンス**（BI：Business Intelligence）は，ビジネスの意思決定に関わる情報という意味である．情報技術を活用してデータを収集・分析し，その結果をグラフや図表でわかりやすく表現したものがBIとなる（**図3.7**）．ビジネスインテリジェンスの抽出では，長期間にわたり統合されたデータを対象に，分析処理を行う．近年では，BI支援のためのソフトウェアがいくつも製品化されている．操作性の高いBI支援ソフトウェアの製品化が進み，多くの企業で，経営判断や営業支援にビジネスインテリジェンスを利用している．

ここでは，ビジネスインテリジェンス支援ソフトの代表的機能であるデータ可視化機能，データ集計・統計処理機能，ダッシュボード機能，多次元分析機能を説明する．データの可視化は，分析したデータの中から必要な情報を素早く読み取れるように，情報をビジュアル化する機能である．データの統計・集計機能は，統合したデータの統計処理や集計処理を行うことで，データから事業の状況を読み取ることや，データの裏に隠れている情報把握の支援をする．

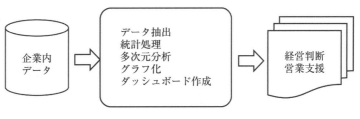

**図3.7** ビジネスインテリジェンスソフトの概要

　**ダッシュボード**は，大量のデータの分析結果をわかりやすい形で，一覧表示する機能である．ダッシュボードでは，集計値，表，グラフなどを利用して，データを表現する．集計表を表示するための統計処理なども，利用者は簡単に利用できる．グラフ化は，基本的なグラフだけでなく，地図情報との連携なども提供されている．

　多次元分析処理では，蓄積したデータに対して，特定の日だけに売上げに大きな変化があった場合，その要因を特定するための分析などを行う．具体的には，年単位での売上げの分析から，特定の年における月単位の売上げの分析に移るなどして分析を行う．

## 3.5　データ分析のプロセス

　データ分析のプロセスを記述したものに CRISP-DM がある．**CRISP-DM** は，CRoss-Industry Standard Process for Data Mining の略で，データ分析のプロセスを表現しており，データマイニングだけでなく，データサイエンスプロジェクトでも，よく参考にされる．CRISP-DM は，**図 3.8** に示すように，データを中心とした 6 つの工程がある．

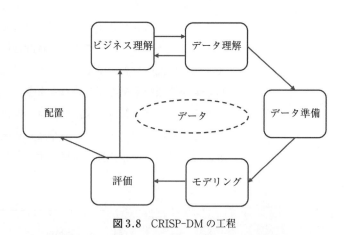

**図 3.8**　CRISP-DM の工程

### 3.5.1　ビジネス理解とデータ理解

　最初の段階は，**ビジネス理解**である．この段階では，企業内でのビジネス課題を明らかにし，プロジェクト全体をプランニングする．営業やマーケティングなどのビジネスの該当部門と打ち合わせを行い，ビジネ

スの現状を数値から捉えておく必要がある．**データ理解**の段階では，課題解決に利用可能なデータの存在を確認するためにデータベース管理者等との打ち合わせも必要になる．データ項目，データ量，品質などを確認する．ここまでの段階で，ビジネスのニーズと利用できるデータを関連付けて理解する必要がある．そして，課題を解決するために作ろうとしているデータ指向の方法に必要である新たなデータの入手についての検討も行うことになる．ビジネス理解とデータ理解は密接な関係にあり，最初の2つの段階では，ビジネス上の課題を定義し，その解決のためのデータが利用可能であることを確認することになる．

### 3.5.2 データ準備

**データ準備**の段階では，データ分析のためのデータセットを作成する．一般的に，このデータセットの作成においては，多数のデータベースからデータを統合することになる．データを統合した後，データの品質的な確認を行う．この確認作業がきわめて重要である．データに誤りが含まれていると，作成するデータ分析アルゴリズムの精度に大きな影響を与える可能性があるからである．データの確認には，欠損値や外れ値の処理などがある．データに欠損値がある場合は，意味のある数値を補うか，削除する処理を行うことになる．全体の分布からかけ離れている外れ値の場合は，その値が，意味的に正しいものなのか，何らかのミスにより生じたものなのかを見極める必要がある．さらに，データの整合性の検討もある．たとえば，年齢に関するデータが，あるデータベースでは誕生日で記録され，別のデータベースでは実年齢で記録されている場合，すべてを実年齢に変換することになる．このような作業は，データに関する知識とビジネスに関する知識を十分に兼ね備えていないと，確認漏れが生じてしまうことがある．

### 3.5.3 モデリング

第4段階はモデリングである．機械学習のモデルとは，入力データを処理して，評価や判定の結果を返すものである．モデルが受け取るデータや出力するデータは，機械学習の用途によりさまざまである．万能の機械学習モデルはなく，用途に応じた機械学習モデルを作成する必要がある．モデル作成では，用途に応じたテンプレートモデルを選択し，学習用データでテンプレートモデルを学習させることになる．

モデル作成の代表的な手法には，回帰分析，相関分析，決定木，

ニューラルネットワーク，クラスタリングなどがある．これらの手法には，数多くのテンプレートモデルが開発されている．このため，モデリングでは，機械学習の用途に応じたテンプレートモデルをいくつか選択し，最適な出力を出す学習結果を反映させたテンプレートモデルを，モデルとして選択する．

### 3.5.4　評価と配布

最後の段階は，評価と配布である．CRISP-DM では，それぞれの段階で繰り返し調整を行うが，評価の段階では，全体をビジネスの視点から評価する．第1段階で定義したビジネスニーズを満足するか，不十分な点はあるかなどを確認する．この段階の評価結果によって，必要な改善点などが第1段階に戻って，モデルの再構築を行うことになる．評価プロセスでモデルが承認されれば，最終段階である配置に移行する．

データサイエンスの実践では，モデル開発後でも，ビジネスニーズに適合しているか，ニーズが変化していないかなど，定期的にレビューする必要がある，つまり，データサイエンスの実践は，反復的な性質があることを忘れてはならない．

### 練 習 問 題

**3.1**　適切な語句を語群から選択しなさい

データベース管理システムとデータウェアハウスの比較を行う．（①）では，（②）を高速に繰り返し実行するために必要なトランザクションの一貫性を確実にするために（③）や回復のための機能を有する．しかし，（④）では，このような機能はあまり重視されない．（④）構築の目的の一つである（⑤）では，一元的に統合された大量のデータを対象にして，多次元分析処理を行う．

　　［語群］　データウェアハウス　　同時実行　　データベース管理システム
　　　　　　　オンライン分析処理　　オンライントランザクション処理
　　　　　　　多次元分析処理

**3.2**　適切な語句を記入しなさい

コンセプト・ハイアラーキに沿った操作には，（①）と（②）がある．（①）は，意味的にはより高い概念で捉えることであり，データの取扱いでは視点数を集約することになる．たとえば，ニューヨーク，シアトル，東京，大阪，パリ，ニースなどの都市別に従って，製品の売上を表示しているとする．これを，アメリカ，日本，フランスなどの国別に基づいた売上デー

タのビューに移動することである.

（②）は，意味的にはより低い概念で捉えることであり，データの取り扱いでは次元の追加や概念の詳細化を行うことである．たとえば，売上データの年別の表示から移動して，月別で表示する操作である.

**3.3 適切な語句を記入しなさい**

データ分析を成功させるためには，データの前処理が重要である．（①）は，データの欠損値の埋め込みや外れ値の処理などのことである．（②）は，顧客の実年齢を年齢範囲に変換する処理などのことである．（③）は，複数のデータソースかデータを集めた場合に，データの項目名（属性名）の統一を行う処理などのことである.

**〔参考文献〕**

[1] 増井敏克：図解まるわかり　データサイエンスのしくみ，翔泳社，2022

[2] 三好大吾：AI＆データサイエンスの全知識，インプレス，2022

[3] 北川源四郎，竹村彰通：教養としてのデータサイエンス，講談社，2021

[4] 松田稔樹，萩生田伸子：問題解決のためのデータサイエンス入門，実教出版，2021

[5] 上藤一郎，西川浩昭，朝倉真粧美，森本栄一：データサイエンス入門，オーム社，2018

[6] John D. Kelleher, Brendan Tierney：DATA SCIENCE, MIT Press, 2018

[7] Jiawei Han, Micheline Kamber：Data Mining: Concepts and Techniques, Morgan Kaufmann Publishers, 2001

# part 2

# AI 入門

## ～AI は身近に～

　近年急速に，人工知能 AI が注目されている．人工知能は，認識・思考・学習といった人間の脳が行っている活動を，コンピュータ上に模倣・再現するものである．現在，人工知能は，文章の翻訳，スマートスピーカとの対話，顔認証や文字認識，将棋やチェス，お気に入り商品の推薦，機械の自動制御などでの使用が始まっている．そこで，このパートでは，人工知能の基礎的な知識として，特化型 AI と汎用 AI，強い AI と弱い AI，教師あり機械学習と教師なし機械学習，推薦システムなどについて学ぶ．さらに，大規模データの取り扱いで注目されているデータの可視化についても学習する．

<table>
<tr><td>**4**</td><td># 人工知能と機械学習を知る</td></tr>
</table>

この章では，コンピュータの中に人工的に作られた知能である人工知能（AI）について学ぶ．まず，我々の身近にどんな人工知能が潜んでいるのか，大学生の日常生活をモデルとして概観してみる．次に，人工知能について2つの捉え方を示し，人工知能を作るために利用されている機械学習の概要を説明する．機械学習のうち，教師あり学習，教師なし学習，強化学習のしくみについても簡単に説明する．また，Chat GPT に代表される対話型人工知能についても触れる．

## 4.1　日常生活の中の人工知能（AI：Artificial Intelligence）

**ライフハック**
パソコンやスマホなどを使って日常生活や仕事の効率を高める工夫のこと．

我々は日常生活の中でさまざまな経験をしながら生きている．繰り返し変わらないような毎日でも効率化したり最適化したりして生活を楽なものにしている．ここでは日常生活の質や効率を高めてくれる AI（**ライフハック**）について見ていくことにする．

### 4.1.1　日常生活

大学生の日常生活におけるある一日の流れを見てみよう（**図4.1**）．

**触覚アラーム**
振動によって触覚に刺激を与えるアラーム．自分だけ気づくことができる．

① 毎朝手首に伝わる**スマートウォッチ**の**触覚アラーム**で目を覚ます．
② **スマートスピーカー**に今日の天気予報やニュースを尋ねる．
③ スマホに目をやると，瞬時に画面ロックが解除される．
④ 登校時にワイヤレスイヤホンを装着すると好みの音楽が流れる．
⑤ 授業前にタブレットパソコンを開くと今日の課題が提示される．
⑥ 昼食後，スマホでこれまでの運動量や消費カロリーを確認する．
⑦ 下校時，スマホにお気に入りのパン屋さんからおすすめ情報が届く．
⑧ 玄関に入ると愛犬レオンがしっぽを振って出迎えてくれる．

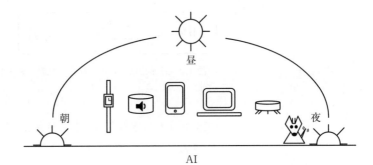

図 4.1 AI によって支えられている普段の生活

登校前，レオンが汚したカーペットもロボット掃除機がきれいに
掃除してくれてある．

⑨ 夕食後，スマホを見ていると探している商品の広告が表示される．

⑩ スマートウォッチに就寝時刻が知らされ，ベッドに入る．

## 4.1.2 日常生活を支援する人工知能（AI）利活用

日常生活における人間の行動を観測し，**ログデータ（ライフログ）** と
して記録できれば AI の利活用により，生活支援に役立てることができ
る（**図 4.2**）．

**ライフログ**
睡眠や運動など日々の生活
で得られるデータ．

①⑩ スマホを置いたり，スマートウォッチを腕にしたりして寝るこ
とで毎日の睡眠を管理できる．睡眠の質を AI が分析したり，起
床時刻や就寝時刻を知らせたりすることができる．

② 天気予報やニュースを知りたければスマートウォッチやスマート
スピーカーに問い合わせることができる．**AI アシスタント機能**
が搭載されており，**音声認識技術**によって情報を気軽に検索でき
る．

**AI アシスタント機能**
音声などによりさまざまな
操作や検索をしてくれる機
能．

③ パソコンやスマホを利用する際にはセキュリティのため画面ロッ
クをかけておく必要がある．AI による**画像認識技術**を利用すれ
ば搭載されているカメラを注視するだけで画面ロックが解除され
る．

**ノイズキャンセリング機能**
不要な雑音を除去するため
の機能．

④ ワイヤレスイヤホンの**ノイズキャンセリング機能**に AI が利用さ
れていれば高音質の音楽を聴くことができる．音楽プレイヤーは
利用者の趣味や嗜好を AI で分析することでおすすめの音楽を流
してくれる．

⑤ タブレットパソコンなどを使った教育現場でのログデータを AI

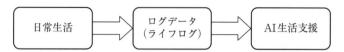

**図 4.2**　日常生活から得られるログデータ活用による AI 生活支援

で分析すれば学習者の弱点を発見し，学習支援に役立てることができる.

⑥　スマートウォッチを腕にして生活することにより毎日の消費カロリーを計算できる．利用者の行動データを AI で分析することにより運動スケジュールを立てたりアドバイスを受けたりすることができる.

⑦　お気に入りのお店に会員登録しておくと商品のおすすめ情報がスマホに届く．売上情報を AI で分析することにより同時に購入されやすい商品を発見でき，商品陳列に役立てることができる．
AI による画像認識技術により，商品を自動認識して自動会計することができる.

⑧　ロボット掃除機に搭載されている AI 機能により，部屋にある家具類を認識したり汚れやすい所を特定したりして部分的な掃除ができる.

⑨　パソコンやスマホで Web ページを閲覧することにより**アクセスログ**が記録される．このようなデータを AI で分析することにより利用者の興味を予測することができ，広告表示に利用することができる.

**アクセスログ**
いつ，どのページを，どのくらい閲覧していたのかを記録したデータ.
**6.3.2 参照**

## 4.2　人工知能（AI）

**AI**
1956 年ダートマス会議にて計算機科学者のジョン・マッカーシーが命名した.

　**人工知能（AI）**とは，人工的にコンピュータの中に作った知能のことをいう．しかし，AI という言葉の定義については研究者によってそれぞれ異なっているのが現状である．ここではすでに日常生活にまで浸透している AI について 2 つの捉え方を示し，AI を作るために利用されている機械学習の概要を説明する.

### 4.2.1　人工知能（AI）

**A　汎用人工知能（AGI：Artificial General Intelligence）**
AI をイメージしてみると，人型ロボットが人間と同じような知能を

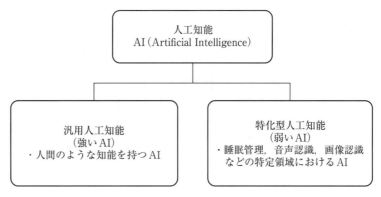

図4.3 人工知能の分類

もち，人間と自由に会話することができ，生活のあらゆる場面で人間と共存している姿が思い浮かぶ．AIについての研究が始まった初期の頃は，人間と同じように汎用的な知的処理をするAIの開発が目的であった．このようなAIを**汎用人工知能（強いAI）**と呼ぶ（**図4.3**）．しかし，人間が日常生活を送るうえで必要となる知識や常識は複雑であるため汎用人工知能を実現することは難しいことがわかった．近年のAI技術が進展したことによって，さまざまな領域において多様で複雑な問題を自律して解く汎用人工知能の研究が再び広がりを見せている[1]．

**B　特化型人工知能（Narrow Artificial Intelligence）**

特定領域における知的処理をするAIについてはすでに実用化され商品やサービスとして日常生活で利活用されている．このようなAIを**特化型人工知能（弱いAI）**と呼ぶ（図4.3）．たとえば，「**4.1.2　日常生活を支援する人工知能（AI）利活用**」で取り上げた睡眠管理，音声認識，画像認識，情報推薦，学習管理，健康管理，売上管理，顧客管理などの領域におけるAI利活用についても特定用途に限られたものである．このようなAIは**機械学習**によって作られており，大量のデータ（ビッグデータ）の存在が必要かつ重要となっている．

### 4.2.2　機 械 学 習

**A　機械学習（Machine Learning）**

人工知能（AI）を作るための技術として**機械学習**が利用されている．機械学習とは，機械（コンピュータ）が大量のデータ（ビッグデータ）からルールやパターンを自ら学習する技術のことである．このような自動化された学習に基づいて未知なるものを予測したり判断したりするこ

機械学習
4.2.2 参照
ビッグデータ
4.3 参照

図4.4　人工知能，機械学習，深層学習の包含関係

表4.1　機械学習の分類

| 学習方法 | 内容 |
|---|---|
| 教師あり学習 | 正解に相当する教師データが与えられて学習する．予測（回帰）や分類に利用される． |
| 教師なし学習 | 教師データが与えられずに学習する．データのグループ分けや情報の要約に利用される． |
| 強化学習 | 試行錯誤が入力となり，評価として与えられた報酬によって行動や選択を学習する． |

とができるようになる．汎用人工知能の実現は難しいとされているが，さまざまな領域から知識を学習するため，機械学習の果たす役割は大きいと考えられている[1]．一方，特化型人工知能は，特定領域から機械学習によって知識を学習するため，特定の内容のみに限定された予測や判断には優れた知能が作られる．機械学習では**深層学習（ディープラーニング）**が主要な技術として幅広く利用されている．

**深層学習（ディープラーニング）**
**4.4.1 参照**

### B　AIの包含関係

人工知能（AI），機械学習（マシンラーニング），深層学習（ディープラーニング）の包含関係を表すと**図4.4**のようになる．

### C　機械学習の分類

**教師データ**
学習させるデータにおける正解となるラベルのこと．

機械学習は，正解を教えてくれる教師の存在となるデータ（**教師データ**）の与え方によって3つの学習方法に分類される（**表4.1**）．

## 4.3　人工知能（AI）とビッグデータ

人工知能（AI）を作るためには大量のデータ（ビッグデータ）が必要である．ここではAIとビッグデータの関係について説明するとともに，ビッグデータの対極にあるスモールデータについても触れてみる．

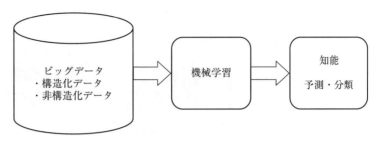

**図4.5** ビッグデータを用いた知能の生成

### 4.3.1 AIとビッグデータの関係

　AIを作るために利用される機械学習は，機械（コンピュータ）が自動的にビッグデータを学習する．その結果，未知なるものを予測したり分類したりすることができるようになる（**図4.5**）．

#### A　ビッグデータ

　ビッグデータとして蓄積されるデータには，**構造化データ**や**非構造化データ**がある．構造化データは表形式のデータ構造をもち，データを整理して格納してあるためデータ分析に適している．そのため構造化データに対する機械学習はビジネスの現場ではよく利用されている．非構造化データは画像や音声，文章などの構造をもたないデータであるため，データ分析は工夫されている．たとえば，非構造化データを構造化データに変換してから機械学習を利用するなどである．近年のインターネットやスマホの普及によって，非構造化データの種類も多様化しており，データ量も爆発的に増えている．そのため，非構造化データを機械学習する機会が増えており，さまざまな分野で新たなAIが開発されている．

#### B　ビッグデータに左右されるAIの性能

　AIを育てるのはビッグデータであるため，偏りのあるデータを与えてしまうと，生成されるAIの判断にも偏りが生じてしまう恐れがある（**アルゴリズムバイアス**）．また，データが大量に収集できなければ機械学習させることができない．このように，機械学習では構造化データや非構造化データをビッグデータとして与えることができれば自動的に学習が行われ，予測や分類をしてくれるAIを生成することができる．しかし，生成されたAIはすべてビッグデータの質や量に依存するうえ，特定範囲のことしか考えられない**フレーム問題**も含んでいる．

構造化データ
非構造化データ
**1.1.3 参照**

アルゴリズムバイアス
偏りのあるデータを学習することによって，その結果も偏ること．

フレーム問題
目的とする枠組み以外のことには対応できないこと．

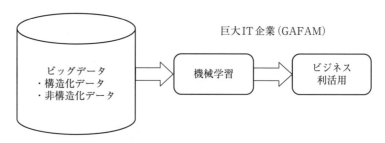

**図 4.6** 巨大 IT 企業（GAFAM）によるビッグデータ利活用

### 4.3.2 ビッグデータとスモールデータ

#### A ビッグデータの利活用

AI を生成するためにはビッグデータが欠かせないため，大量のデータを収集しなければならない．GAFAM などの巨大 IT 企業はデータを大量に収集でき，ビッグデータを上手くビジネスに活用することによって成長してきた（**図 4.6**）．コンピュータの性能向上や記憶容量の増大によってビッグデータを取り扱える環境が整えられても，大量のデータを集められなければビジネスで優位を保つことは難しいとされている．ビッグデータに基づく機械学習では事前知識を必要としない．しかし，生成された AI は機械学習任せであるため，なぜそのような結果になるのか説明がつかないという課題もある．そのため，**説明可能 AI**（XAI：eXplainable AI）の研究も進められている．

#### B スモールデータの利活用

ビッグデータの対極にある**スモールデータ**が重要視されている．スモールデータとは，発生頻度が少なかったり，収集が困難であったりするために得られるデータが少量のもののことである[2]．資本の少ない中小企業でも，競争相手の少ないユニークなデータが入手できて，対象分野における専門知識をもつ分析者がいれば，洞察力によって説得力の

GAFAM
ビッグ・ファイブ
Google, Amazon,
Facebook（現 Meta），
Apple, Microsoft を指す名称．

説明可能 AI
判断根拠の可視化や処理手順の提示により説明性を高めた AI.

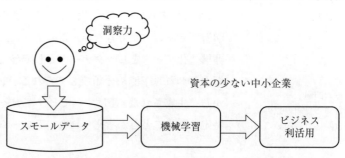

**図 4.7** スモールデータ分析によるビジネス利活用

ある分析結果を得ることができる（**図4.7**）．また，ビッグデータを補完する役割としても注目されている．

## 4.4 機械学習のしくみ

人工知能（AI）を作るために利用される機械学習は，教師あり学習，教師なし学習，強化学習に分類される．ここではそれぞれの学習方法の簡単なしくみについて説明する．

### 4.4.1 教師あり学習

#### A 教師データ

**教師あり学習**は，結果や正解に相当する**教師データ**が与えられて機械学習が行われる．教師データとは，学習させるデータが何であるのかを教えてくれる教師役となるデータである．たとえば，手書き数字を認識させる AI を作るためには，手書き数字画像（**訓練データ**）と正解となる教師データ（**訓練ラベル**）のペアを大量に与える必要がある（**図4.8**）．

訓練データ
訓練ラベル
機械学習をするときに利用されるデータ．学習結果を検証するためにテストデータとテストラベルも用意される．

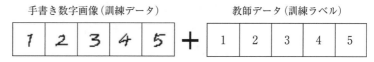

図4.8　手書き数字画像と教師データ

#### B 深層学習（ディープラーニング：Deep Learning）

教師あり学習として一般的に利用されている**深層学習（ディープラーニング）**は，脳の神経回路のしくみを真似た**ニューラルネットワーク**を基本としている．ニューラルネットワークは入力層，中間層，出力層の3層からなる（**図4.9**）．この中間層を2層以上に多層化したものが深層

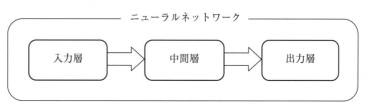

図4.9　ニューラルネットワーク

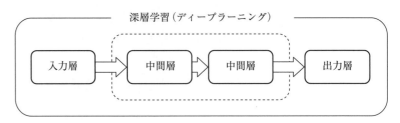

図 4.10　深層学習（中間層が 2 層の場合）

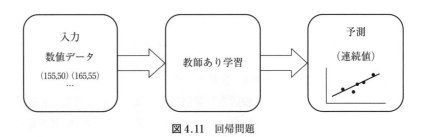

図 4.11　回帰問題

学習であり，高精度で複雑な処理に対応することができる（**図 4.10**）．

### C　回帰（予測）

教師あり学習で扱う**回帰問題**を説明する．回帰問題とは，大量のデータの傾向をもとに連続的な数値を予測する問題である．たとえば，身長から体重を予測したり，気温によって売上額を予測したりするなどである．回帰問題の処理の流れは**図 4.11**のようになる．

【入力】

身長から体重を予測するのであれば，大量に身長と体重の数値データのペアを与える．

【教師あり学習】

身長と体重の直線的な傾向（回帰直線）を導き出すことができる．

【出力】

身長の入力から得られる出力値がそのまま予測値（体重）となる．

### D　分類

教師あり学習は**分類問題**にもよく利用される．分類問題とは，あらかじめ分類対象となる大量のデータをもとに離散的な種類のどれかを特定する問題である．たとえば，動物の画像から犬や猫を分類したり，果物の画像からりんごやみかんを分類したりするなどである．分類問題の処理の流れは**図 4.12**のようになる．

【入力】

動物の画像を分類するのであれば，大量に動物の画像（**ピクセルデー**

ピクセルデータ
画像を構成する各 1 点（画素）の色情報を表すデータ．

**図 4.12** 分類問題

タ）を与える.

【教師あり学習】

グループ（犬や猫）ごとに分類された傾向を導き出すことができる.

【出力】

分類する種類それぞれの確率値（犬や猫である確率）が出力される.

### 4.4.2 教師なし学習

#### A 教師なし学習とは

**教師なし学習**では，結果や正解に相当する教師データを必要としない．そのため入力データのみによって機械学習をさせることが可能となる．この方法は正解を求めることよりも，データの傾向や特徴を探り出すことが目的となる．したがって，入力データが持つ性質をもとにグループ分けを行ったり，情報を要約したりしたいときに利用される（**図4.13**）．教師なし学習で利用される代表的な分析手法を**表 4.2** に示す.

#### B クラスタリング

あらかじめ決まったグループがなくても，データ同士が似た傾向にあれ

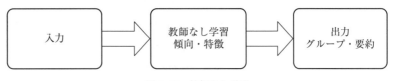

**図 4.13** 教師なし学習

**表 4.2** 教師なし学習の分析手法（例）

| 分析手法 | 内容 |
| --- | --- |
| k 平均法 | データを分類するクラスタリングに使われる手法 |
| 主成分分析 | 情報の要約（次元を減らすこと）に使われる手法 |
| アソシエーション分析 | 「AならばBである」という関係を見つける手法 |

**図 4.14**　クラスタリング

**図 4.15**　アソシエーション分析

**クラスター**
花や果物の房（ふさ）と
いった意味がある.

**アソシエーション分析**
買い物かごの中から同時購
入されやすい商品を探すた
めバスケット分析ともい
う.

**データマイニング**
大量のデータの中から有用
なルールを採掘（マイニン
グ）すること.

ば，データを近くに寄せ集めながらかたまり（**クラスター**）をいくつか
作ることができる（**図 4.14**）．このようにデータ自身の似ている度合い
（類似度）によってクラスターを作る方法を**クラスタリング**と呼ぶ．ク
ラスタリングは「何が，どのくらい似ているか」を表す類似度によって
クラスターの数が増減するため，人間がデータを観察しながらその基準
を判断する必要がある.

### C　アソシエーション分析

　**アソシエーション分析**とは，大量のデータの組み合わせの中から「も
し A ならば B である」[3]といった有用なルールを抽出する分析手法で
ある（**図 4.15**）．たとえば，スーパーマーケットにおける購買データの
組み合わせの中から「もし紙おむつを買ったならばビールを買う」と
いったルール（**アソシエーションルール**）を抽出することである．アソ
シエーション分析は，同時購入されやすい商品を探すことができるた
め，商品陳列に応用されたり，ネットショッピングなどで「この商品を
買った人はこの商品も買っています」といったおすすめ情報の提示に利
用されたりしている．**データマイニング**の手法としてよく知られてい
る.

### 4.4.3　強化学習（Reinforcement Learning）

#### A　強化学習とは
　**強化学習**は，試行（行動）を何度も繰り返すことによって報酬（評

**図4.16** 強化学習

価）が得られる行動や選択を学習する手法である．教師あり学習のように正解に相当する教師データを与えて取るべき行動を教えるのではなく，実行した行動によって得られる評価をもとに学習する点に特徴がある．

**B 強化学習のしくみ**

学習者（エージェント）は環境から①状態を受け取ることによって②行動を選択する[4]．その結果，③報酬を受け取ることによって新たな①状態を得る．このようにエージェントは目標を達成するため環境との相互作用（①→②→③→①…）を繰り返しながら学習を進めていく（**図4.16**）．

## 4.5 対話型人工知能（AI）

### 4.5.1 対話型 AI とは

**A どんな AI なのか**

**対話型 AI** とは，利用者の質問（**プロンプト**）に対して，自然な会話文で回答してくれる人間のような AI である（**図4.17**）．利用者からのどんな質問に対しても回答できるよう，**大規模言語モデル**（LLM：Large Language Model）をもとに構築されており，インターネット上の膨大なデータを事前に学習している．

**B どんなことができるのか**

対話型 AI にわからないことを質問すると回答や提案をしてくれる（**図4.18**）．たとえば，カレーの作り方を質問するとレシピを教えてくれる．文書作成を依頼すると自動的に生成してくれる．そのため，ビジネスの分野では文書作成の効率化が期待されている．プログラム作成などもできるのでソフトウェア開発の効率化も進められている．

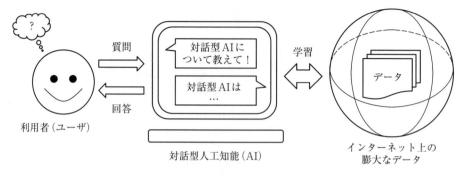

図 4.17　対話型人工知能（AI）

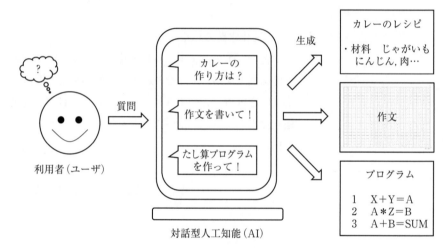

図 4.18　対話型人工知能（AI）でできること

### C　どんな問題があるのか

　質問に対する回答では，必ずしも中立的で正しい回答が得られるとは限らない．間違ったことをいかにも正しいものであるかのように回答することもあるので，最後は人間が判断する必要がある．

　文書作成についていうと，教育現場では児童生徒や学生が作文やレポートを作成する際に利用し，そのまま提出することが予想されている．対話型 AI はその都度異なる文書を生成するため，教員側では本人が書いたものなのか，対話型 AI が生成したものなのかの区別がつきにくい．思考低下の問題だけでなく，成績評価に戸惑うこともある．

　プログラム作成ではコンピュータウイルスなどの作成に利用される心配がある．サイバー犯罪などへの利活用だけでなく，情報漏洩なども懸念されている．

**表 4.3** 対話型 AI のサービス（2023 年現在）

| 企業 | 対話型人工知能（AI）サービス |
|---|---|
| Open AI | Chat GPT（チャット GPT） |
| Google | Bard（バード） |
| Microsoft | Bing（ビング）に実装 |
| アリババ | 通義千問（トンイー・チェンウェン） |
| 百度（バイドゥ） | Ernie Bot（アーニーボット） |

### 4.5.2 対話型 AI のサービス

　対話型 AI のサービスとして，2022 年 11 月に公開された Open AI による Chat GPT が急速に普及している（**表 4.3**）．GPT（Generative Pre-trained Transformer）を日本語に翻訳すると「生成可能な事前学習済み変換器」という意味になる．他にも，Google は Bard というサービスを運用している．マイクロソフトは，対話型 AI を検索エンジンの Bing に実装することで，チャット感覚で知りたいことを検索できるようにしている．中国でも，アリババグループが大規模言語モデルとして「通義千問」を，百度は「Ernie Bot」を開発している．

### 4.5.3 対話型 AI の今後

対話型 AI 利活用のガイドライン<br>**14.2.4 参照**

　回答の正確性を高めることが求められる．対話型 AI はインターネット上の膨大な著作物や個人情報を収集するため，著作権侵害や個人情報保護に対応したルール作りが必要である．教育分野では対話型 AI の利活用に対するガイドラインが策定され始めている．

**練 習 問 題**

**4.1**　次の文章中の（）に入る適切な語句を記述しなさい．
　人工知能（AI）とは，人工的にコンピュータの中に作った（①）のことである．人工知能には，人間のように汎用的な知的処理をする（②）と，特定用途に限られた知的処理をする（③）に分けられる．人工知能を作るためには（④）が行われており，大量のデータである（⑤）が必要である．

**4.2**　次の文章中の（）に入る適切な語句を記述しなさい．
　機械学習とは，機械（①）が大量のデータからルールやパターンを自ら学習する技術のことである．機械学習のうち，正解に相当する（②）を与えることによって学習する方法は（③）である．（②）が与えられずに学習する方法は（④）である．試行錯誤が入力となり，評価として与えられた報

酬によって行動や選択を学習する方法は（⑤）である.

4.3　次の文章中の（）に入る適切な語句を記述しなさい.

機械学習のうち，主要な技術として幅広く利用されており，ニューラルネットワークの中間層を多層化した学習方法は（①）である.機械学習は，大量のデータである（②）を学習することによって知能を生成することができる.しかし，偏りのあるデータを与えてしまうと，その結果にも偏りが生じてしまう（③）という問題がある.また，生成された人工知能（AI）は特定範囲のことしか考えられない（④）も含んでいる.機械学習によって得られた結果は，なぜそのようになるのか説明がつかないという課題があるため，（⑤）の研究も進められている.

〔参考文献〕

[1] 市瀬龍太郎：人工知能学会共同企画—人工知能とは何か？〔エッセイ集〕2.2 汎用人工知能の現状と展望，情報処理，57.10（2016）：960-961

[2] 藤原幸一：スモールデータ解析と機械学習，オーム社，2022

[3] 秋光淳生：データの分析と知識発見，NHK 出版，2016

[4] 三上貞芳 他：強化学習，森北出版，2003

[5] 平成 28 年版情報通信白書：第 4 章第 2 節 人工知能（AI）の現状と未来，232-241，2016

[6] 渡部徹太郎：ビッグデータ分析，技術評論社，2022

[7] 我妻幸長：はじめてのディープラーニング，ソフトバンク，2018

[8] 斎藤康毅：ゼロから作る Deep Learning python で学ぶディープラーニングの理論と実践，オライリージャパン，2018

[9] 北川源四郎他：教養としてのデータサイエンス，講談社，2022

[10] 岡嶋裕史＋吉田雅裕：はじめての AI リテラシー，技術評論社，2022

<table>
<tr><td>**5**</td><td>コンピュータからおすすめ情報が出る</td></tr>
</table>

この章では，コンピュータやスマホからおすすめ情報が提示されるしくみについて学ぶ．まず，昔からあるおすすめをもとに，現代のおすすめをするための推薦システムのもとが，主にどこからどのように得られているのかを見てみる．推薦システムで利用される内容情報や対話情報をもとに，おすすめが提示される処理の流れを説明する．推薦システムとして代表的な，内容ベースフィルタリングと協調フィルタリングについて簡単にしくみを説明する．具体例として商品推薦や観光地推薦の研究事例について紹介する．

## 5.1 推薦システム

インターネット上の電子商取引（e コマース）やソーシャルネットワーキングサービス（SNS）の利用により，パソコンやスマホから毎日のようにおすすめ情報が提示される．このようなおすすめ情報はどのようなしくみで提示されるのかを紹介していく．

### 5.1.1 おすすめ

#### A おすすめとは

昔，生まれ住む小さな町には，八百屋さん，魚屋さん，駄菓子屋さんがあった．母に連れられて夕方買い物に出かけると，お店のご主人が今日のおすすめを提案してくれる．家族が好きなもの，昨日食べたもの，今日作ろうと考えているもの．母との対話や行動観察からすべての情報を収集し，商品の専門知識や経験をもとに，旬な食材を袋にまとめて値引きしてくれる（**図 5.1**）．このようなしくみをインターネット上の e コマースに応用したものが**推薦システム**である（**図 5.2**）．推薦システ

推薦システム
レコメンデーションシステム

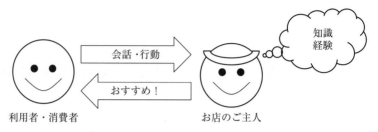

**図 5.1**　昔からあるおすすめ

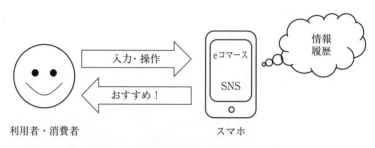

**図 5.2**　現代のおすすめ（推薦システム）

**パーソナライゼーション**
利用者や消費者別に適切な
商品やサービスを提供する
こと.

**ユーザインタフェース**
ヒューマンインタフェース
とも呼ばれる.
パソコンやスマホでは，主
にグラフィカルユーザイン
タフェース (GUI) を指す.

**ビッグデータ**
**4.3 参照**

**インタラクション**
相互作用, やり取りのこと.

ムは，一人ひとりの趣味や嗜好に合わせて（**パーソナライゼーション**），
多様な商品やサービスを，適切なタイミングで推薦できるようになって
いる.

### B　おすすめのもと

　おすすめのもとは主にインタフェースから得られる．インタフェース
とは，異質なものが接する場のことである[1]．利用者（ユーザ）とコ
ンピュータ（PC）やスマホなどの異質なものが接する場は**ユーザイン
タフェース（UI）**と呼ばれる．このときの場とは主に画面を指すこと
が多い．利用者は画面との間で自由気ままにやり取りを繰り返す．その
振る舞いが自動的に入力されてデータ（**ビッグデータ**）として記録され
る（**図 5.3**）．おすすめは，このように利用者と画面との相互作用（**イ
ンタラクション**）により生ずる間（ま）を読み取ることによって行われ
る.

### C　おすすめのかたち

　おすすめが提示されるのは主にユーザインタフェース（画面）であ
る．このとき，利用者は画面との相互作用によってほしいものを探す操
作を繰り返す．おすすめのもとが相互作用から得られることから，ユー
ザインタフェースの使いやすさもおすすめを選ぶ重要な要素となる．
ユーザインタフェースの使いやすさを**ユーザビリティ**と呼び，ISO

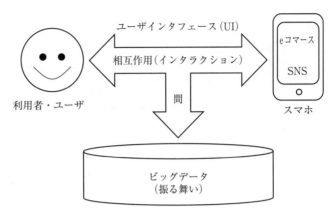

**図 5.3** 相互作用から得られるビッグデータ

9241-11 では「ある製品が，指定された利用者によって，指定された利用の状況下で，指定された目的を達成するために用いられる際の，有効さ，効率および利用者の満足度の度合い」と定義される．さらに，ISO 9241-210 では**ユーザエクスペリエンス（UX）**という概念が導入され「製品やシステムやサービスを利用したとき，および/またはその利用を予測したときに生じる人々の知覚や反応のこと」と定義される．このように，おすすめを提示する際にはユーザビリティの高い UI/UX を備えたかたちをデザインする必要がある．

### 5.1.2 推薦システム

#### A 内容情報（コンテンツ情報）

人が誰かに何かをおすすめするとき，「誰か」の情報と「何か」の情報が必要である．「誰か」とは，氏名，年齢，性別，住所，趣味，職業，家族構成などの個人情報である．「何か」とは，商品（サービス）名，カテゴリ，商品（サービス）説明，特徴，価格などの商品（サービス）情報である．このような個人情報は，**ユーザプロファイル**として明示的（直接的）に入力してもらうことがある．商品（サービス）情報は，内容情報（コンテンツ情報）として利用される（**図5.4**）．

ユーザプロファイル
ユーザの興味に関する情報が中心となる．

#### B 対話情報（インタラクション情報）

「**5.1.1 おすすめ**」で説明したように，お客様（消費者）との対話から得られる情報や行動観察などをもとにおすすめするとき，これまでの行動履歴や購入履歴，これからの購入行動などの情報が必要である．このような情報は，コンピュータやスマホ画面との相互作用によって暗黙的（間接的）に得られ，対話情報（インタラクション情報）として利用

図5.4　内容情報（コンテンツ情報）

図5.5　対話情報（インタラクション情報）

される（**図5.5**）.

　C　**おすすめの流れ**

　おすすめの処理の流れを入力，処理，出力に分けて説明する（**図5.6**）.

図5.6　おすすめの処理の流れ

【入力】

　内容情報や対話情報が入力される.

○内容情報のうち個人情報は，会員登録やユーザ登録によってあらかじめ入力しておくことができる. また，商品（サービス）情報は取り扱う商品やサービスの特徴などが表現（特徴表現）される.

○対話情報は利用者がパソコンやスマホとやりとりをすることによって入力される. たとえば，いつ，何を，何回，クリック・タップし，何を購入したのか，などの情報が自動入力される.

【処理】

○内容情報を利用した推薦アルゴリズムとして**内容ベースフィルタリン**

図 5.7　推薦システムの種類

グがある（**図 5.7**）．内容ベースフィルタリングでは，利用者の個人情報をもとに適切な商品やサービスを商品情報から推薦する．
○対話情報を利用した推薦アルゴリズムとして**協調フィルタリング**がある（図 5.7）．協調フィルタリングでは，購入履歴や行動履歴などから同じ趣味・嗜好をもつ利用者の情報を利用して推薦する．
○内容ベースフィルタリングと協調フィルタリングを組み合わせた手法も提案されている．

【出力】

おすすめの出力は主に画面上に表示される．たとえば，Web ページを閲覧しているのであれば Web ページ上に表示され，アプリを利用しているのであればアプリ画面上に提示される．メール配信されるものもある．

## 5.2　内容ベースフィルタリング（Content-based filtering）

利用者（消費者）が商品やサービスを探すとき，その存在を知らないことはよくある．存在は知っていてもたくさんの商品（サービス）群の中から自分に合ったものを見つけることは難しい．このようなときに役立つのが**内容ベースフィルタリング**である．

### 5.2.1　内容ベースフィルタリングのもと

#### A　ユーザプロファイル（個人情報）

利用者（ユーザ）に合った商品やサービスを探すためには，まず個人の情報を明示的（直接的）に取得しておく必要がある（明示的手法）．「**5.1.2　推薦システム**」で取り上げた個人情報のうち，興味や関心（趣味・嗜好）についての情報の重要度は高く，入会時やサービス利用時のアンケート等により入力してもらうこともある（**図 5.8**）．

**図5.8**　ユーザプロファイル

　また，パソコンやスマホ画面との相互作用によって得られた対話情報
をもとに利用者の興味や関心（趣味・嗜好）を抽出することも行われて
いる（暗黙的手法）．

### B　内容情報（コンテンツ情報）の特徴表現

　商品やサービスを適切に利用者（ユーザ）に届けるためには，商品や
サービスの機能や内容を分析し，その特徴を入力しておかなければなら
ない．一般的な書籍であれば，タイトル，概要，ジャンル，著者，出版
社，出版年などが特徴表現となる（**図5.9**）．

**図5.9**　特徴表現

### 5.2.2　内容ベースフィルタリングのしくみ

### A　おすすめの手順

　内容ベースフィルタリングは，個人情報や内容情報をもとに，利用者
や消費者がほしいと思う商品（サービス）を，たくさんの商品（サービ
ス）群の中から推薦してくれるしくみである．

【手順】
① 利用者（消費者）の興味や関心（趣味・嗜好）についての情報を
　 表現したユーザプロファイルを作成する（図5.8）．
② 商品（サービス）の特徴を表現（特徴表現）した内容情報を作成
　 する（図5.9）．
③ 個人情報のユーザプロファイルと内容情報の特徴表現がどのくら
　 い似ているか（類似度）を計算する（図5.11）．
④ 似ている度合いをもとにおすすめ情報を提示する（**図5.10**）．

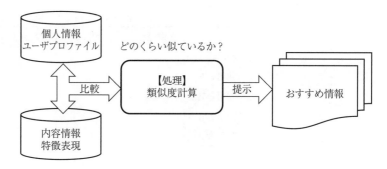

**図5.10** 内容ベースフィルタリングの処理の流れ

### B 似ている（類似度）とは

自分の興味や関心（趣味や嗜好）と，商品やサービスの特徴表現が似ているとは，**図5.11**に示すように重なる範囲や共通する項目が多いことをいう．

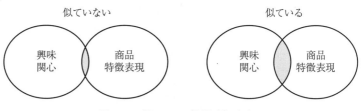

**図5.11** 似ている（類似度）度合い

## 5.3 協調フィルタリング（Collaborative filtering）

自分と気の合う友人から商品やサービスをすすめられることはよくある．また，自分の興味や関心，趣味や嗜好がはっきりしていなくても，ほしい商品やサービスを探したいと思うこともよくある．このようなときに役立つのが**協調フィルタリング**である．

### 5.3.1 協調フィルタリングのもと

#### A 対話情報（インタラクション情報）

利用者（ユーザ）がパソコンやスマホなどを使って商品を購入したり，サービスを利用したりすると，商品の購入履歴やサービスの利用履歴などが対話情報として記録される（暗黙的手法）．たとえば，インターネットのあるショッピングサイトで5人の利用者が5つの商品のうちからどれかを閲覧または購入したと考える．このとき，商品の閲覧または購入を「○」で表すと，**表5.1**のような利用者の閲覧・購入履歴が

表5.1　利用者の閲覧・購入履歴

|  | 商品1 | 商品2 | 商品3 | 商品4 | 商品5 |
|---|---|---|---|---|---|
| 利用者1 | ○ |  | ○ |  |  |
| 利用者2 |  | ○ |  | ○ | ○ |
| 利用者3 | ○ |  | ○ |  |  |
| 利用者4 |  | ○ |  | ○ |  |
| 利用者5 |  | ○ |  |  |  |

記録できる.

### B　グループ情報

　自分と気の合う友人からのおすすめ情報を信頼できるのは，友人と似たような商品やサービスを利用している経験があるため，嗜好が似ていると感じることが理由の一つである．このような嗜好が似ているという感覚をもとに利用者のグループ分けを考えてみると，同じ商品やサービスを閲覧・購入している頻度が多ければ同じグループとして分類してもよさそうである（**図5.12**）．このようなグループ情報を利用する.

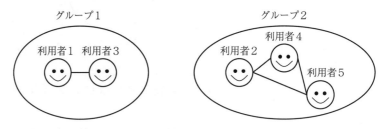

図5.12　同じ商品を購入しているグループ化

### 5.3.2　協調フィルタリングのしくみ

### A　おすすめの手順

　協調フィルタリングは，対話情報やグループ情報をもとに，同じ趣味や嗜好をもつ利用者の情報によって，商品やサービスを推薦してくれるしくみである.

【手順】

① 利用者（消費者）の対話情報をもとに，購入履歴や利用履歴についての情報を記録する（表5.1）.

② 利用者（消費者）の購入履歴や利用履歴をもとに，同じ商品やサービスを購入・利用した利用者のグループを作成する（図5.12）.

③　新規利用者がどのグループ（利用者）にどのくらい似ているか（類似度）を計算する（図5.14）.

④　似ているグループ内の利用者（消費者）が購入・利用している商品やサービスをもとにおすすめ情報を提示する（**図5.13**）.

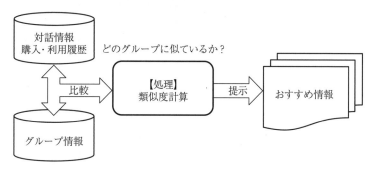

**図5.13**　協調フィルタリングの処理の流れ

### B　似ている（類似度）とは

新規利用者がどのグループとどのくらい似ているかは，**図5.14**に示すように嗜好の尺度を比べて近いか遠いかで判断される.

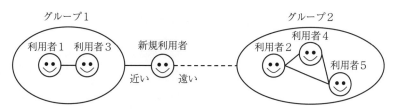

**図5.14**　似ている（類似度）度合い

## 5.4　推薦システムの具体例

インターネット上の電子商取引（eコマース）ではどのように推薦システムが使われているのだろうか. 具体例をみてみよう.

### 5.4.1　商品推薦（Amazon）

#### A　Amazon（アマゾン）のおすすめ

Amazonでは，「おすすめは，お客様の興味や関心に基づいて作成されます」[2]とされている. 具体的には，利用者の購入履歴，もっている商品，商品の評価などのデータが検証される. 協調フィルタリングのし

くみを取り入れ，利用者の行動履歴（**アクティビティ**）を他の利用者（購入者）と比較する．このような比較結果をもとに興味や関心を推測して他の商品をおすすめしている（**図5.15**）．

図5.15  おすすめの処理の流れ

また，おすすめの精度を高めるため，「おすすめ商品を絞り込む」機能がある．たとえば，購入した商品などのうち「この商品をおすすめに使用する」を切り替えたり，「興味がありません」に表示されている商品をおすすめの商品に表示したりすることができる．

### B  Amazonのおすすめのかたち

Amazonでは，興味や関心のある商品（書籍）を選択すると，「よく一緒に購入されている商品」「この商品を見た後に買っているのは？」「この商品を買った人はこんな商品も買っています（**図5.16**）」「この商品に関連する商品」などの情報が表示される．

この商品を買った人はこんな商品も買っています    ページ: 1 / 20 ⋮

図5.16  推薦例（出典：https://www.amazon.co.jp/）

## 5.4.2  観光地推薦

推薦対象として観光地をおすすめする手法の研究事例を紹介する．本手法では，協調フィルタリングと内容ベースフィルタリングの利点を組み合わせた点に特徴がある[3]．

### A 観光地のおすすめのもと

観光地を推薦対象とするため，内容ベースフィルタリングの考え方を取り入れ，観光地の内容（コンテンツ）情報を**表5.2**に示す要素で特徴表現（観光地特徴）している．また，観光地の訪問履歴を利用者履歴としている．観光地特徴と利用者履歴から，利用者の観光地に対する興味や関心（嗜好）を求めて利用者特徴としている．これらの情報をもとに，協調フィルタリングの考え方を取り入れ，同じ嗜好をもつグループが訪問し，利用者がまだ訪問したことのない観光地を推薦する（**図5.17**）．

表5.2 観光地特徴

| 自然 | 保養（地） | 海水浴 | レジャー |
|---|---|---|---|
| 歴史遺産 | 文化（施設） | スポーツ | 農村風景 |
| 街並 | 温泉 | 山寺（社寺） | 建造物 |
| 避暑地 | 別荘地 | 特産 | グルメ（味覚） |

図5.17 おすすめの処理の流れ

### B 観光地のおすすめのかたち

推薦一覧表を表示する地方名を選択すると，ランキング形式でリンクの付いた観光地名が表示されるしくみになっている（**図5.18**）．

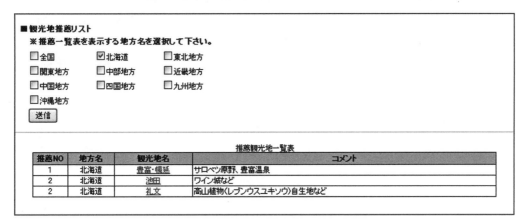

図5.18 観光地の推薦例（北海道を選んだ場合）

## 練 習 問 題

**5.1**　次の文章中の（）に入る適切な語句を記述しなさい.

インターネットの電子商取引で商品やサービスをおすすめしてくれるシステムを（①）と呼ぶ. 一人ひとりの興味に合わせたおすすめをしてくれる（②）により，多種多様な商品群から適切なものを探すことができる. ユーザの興味に関する個人情報は（③）として利用されている. 商品やサービスに関する内容情報をもとにおすすめする（④）と，「この商品を買った人は，この商品も買っています」といったおすすめをする（⑤）がある.

**5.2**　次の文章中の（）に入る適切な語句を記述しなさい.

パソコンやスマートフォン（スマホ）を利用しているとおすすめ情報が表示される. このようなおすすめ情報のもとはインタフェースから得られる. 利用者とパソコンやスマホなどの異質なものが接する場は（①）と呼ばれる.（①）の使いやすさを（②）と呼び，ISO 9241-11 では「ある製品が，指定された利用者によって，指定された利用の状況下で，指定された目的を達成するために用いられる際の，（③），（④）および利用者の（⑤）の度合い」と定義されている. このような（②）を考慮しておすすめ情報を表示したり検索したりする画面を設計する必要がある.

〔**参考文献**〕

[1] 黒須正明 他：コンピュータと人間の接点，NHK 出版，2013

[2] アマゾン ヘルプ＆カスタマーサービス.
　　https://www.amazon.co.jp/（2023 年 5 月 29 日閲覧）

[3] 樽井勇之：協調フィルタリングとコンテンツ分析を利用した観光地推薦手法の検討，上武大学経営情報学部紀要，36，1-14，2011

[4] 土方嘉徳：情報推薦・情報フィルタリングのためのユーザプロファイリング技術，人工知能，19.3，365-372. 2004

[5] 菅坂玉美他：e ビジネスの理論と応用，東京電機大学出版局，2003

[6] 風間正弘他：推薦システム実践入門，オライリージャパン，2022

[7] 北川源四郎他：教養としてのデータサイエンス，講談社，2022

| **6** | 情報を可視化する |
| --- | --- |

　この章では，情報の可視化（ビジュアライゼーション）手法について学ぶ．データを分析する利用者の思考に寄り添った対話的な視覚的表現ができるインタラクティブ・データビジュアライゼーションについて触れ，データの理解を進めながら対象世界の理解を深めていく流れを示す．基本的な可視化手法として，棒グラフ，折れ線グラフ，円グラフ・帯グラフ，レーダーチャートを紹介する．簡単なグラフ化手順を実践するため Excel の利用方法を解説する．さらに，インターネットの基礎的内容について説明したあと，Web サイト閲覧から得られるアクセスログを活用したアクセス解析について説明する．具体例として，アクセス解析ツールによる可視化事例を紹介する．

## 6.1　情報の可視化

　データの特徴を理解するためには，データを可視化してみるとわかりやすい．さらに，思考を中断させずにデータを読み解いていくためには，視覚的表現との対話的なやり取りが有効である．ここでは情報の可視化について概要を説明する．

### 6.1.1　ビジュアライゼーション

#### A　可視化とは
　我々が対象とする世界はさまざまな要素が複雑に絡み合って構成されている．その中に存在する知りたいことは，見えるものもあれば見えないものもある．たとえ見えなくても，観測したり計測したりすることによって数値データとして表現できる．ただ，膨大な数値データを眺めていてもその傾向をつかむことは難しい．そこで，数値データを，高さ，

図6.1　可視化（ビジュアライゼーション）

長さ，大きさ，面積，位置，色などの視覚的表現に翻訳（マッピング）する．このようなプロセスを**ビジュアライゼーション**と呼ぶ（**図6.1**）．

### B　可視化の手順

データを可視化するための基本的な手順は次のようになる．

【手順】

① 目的（知りたいと思うこと）を明確化すること．

② 観測・計測したデータを収集して加工すること．

③ 目的に応じた視覚的表現を選択してグラフなどを作成すること．

## 6.1.2　インタラクティブ・データビジュアライゼーション

### A　対話的（インタラクティブ）とは

**ビッグデータ**
**4.3参照**

静止した一方向からの視覚的表現だけでは，大量のデータ（**ビッグデータ**）の中から有用なルールやパターンなどを発見することは難しい．また，データの背後にある対象世界の理解を目的とするならば，利用者の思考やストーリーに寄り添った対話的（インタラクティブ）で探索的な視覚的表現が必要となる．このように利用者の対話的な操作によって動的に視覚的表現を作り出してくれるプロセスのことを，ここでは**インタラクティブ・データビジュアライゼーション**と呼ぶことにする．

### B　インタラクティブ・データビジュアライゼーション

インタラクティブ・データビジュアライゼーションでは，一般的に**図6.2**に示すような手順で対象世界の理解を深めていく．

【手順】

① 対象世界において知りたいことを観測・計測してデータ化しておく．

② データをもとに視覚的表現を作り出す．

③ 利用者は視覚的表現との対話的操作により新たな視覚的表現を得る．

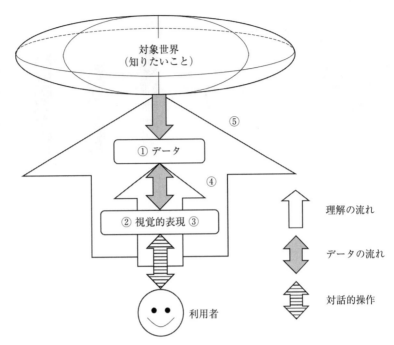

**図6.2** 可視化によるデータの背後にある対象世界の理解

④　新たに得られた視覚的表現によりデータの理解を進めていく.

⑤　データの理解を進めながら対象世界の理解を深めていく.

⑥　②から⑤までを繰り返す. 必要であれば①も実施する.

## 6.2　可視化手法

　データ表現として最もよく利用されている棒グラフ, 折れ線グラフ,
円グラフ・帯グラフ, レーダーチャートを紹介し, Excel による可視化
手法について実習を交えて解説する.

### 6.2.1　データ表現

#### A　棒グラフ（図6.3）

　**棒**グラフは, 項目の数値データを, 高さ, 長さなどの視覚的表現
(棒) に変えて表す. このような棒を, 順番を気にすることなく並べて
あげることによって, 項目間の数値データの大小を比較することができ
る. データを並べる順番には意味があることもあるし, ないこともあ
る.

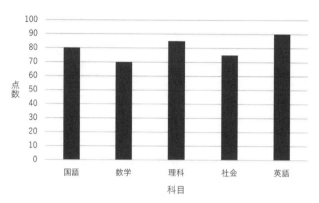

**図6.3**　棒グラフ（例：各科目ごとの点数）

### B　折れ線グラフ（図6.4）

　**折れ線グラフ**は，項目の数値データを，点と点を結んだ線などの視覚
的表現（折れ線）に変えて表す．このような折れ線を，順番どおりに並
べてあげることによって，順序や時間経過を伴う数値データの変化・傾
向を知ることができる．また，点と点を結んだ線の傾きによってデータ
とデータの間を補間（予測）する意味をもっている．

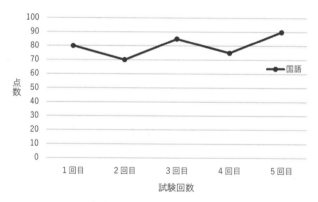

**図6.4**　折れ線グラフ（例：試験回数順に並べた国語の点数の変化）

### C　円グラフと帯グラフ（図6.5）

　**円グラフ**は，比較的少ない項目の数値データを，全体に対する割合を
面積とした視覚的表現（扇形）に変えて表す．面積を100％とした円の
中にこのような扇形を並べてあげることによって，全体に対する項目の
割合（内訳）を知ることができる．円グラフと同様に**帯グラフ**も，全体
に対する割合を面積とした視覚的表現（帯）に変えて表す．

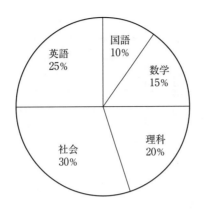

図6.5 円グラフと帯グラフ（例：全勉強時間に対する各科目の勉強時間の内訳）

### D レーダーチャート（図6.6）

**レーダーチャート（くもの巣グラフ）**は，比較的少ない項目の数値データを，項目数を頂点にもつ正多角形の中心から各頂点に線を引き，各線上にプロットした点を結んだ視覚的表現（多角形）に変えて表す. このような多角形の形状を見ることによって，バランスや特徴を知ることができる.

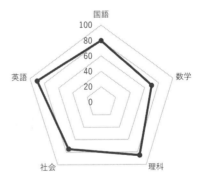

図6.6 レーダーチャート（例：5科目の点数分布）

### 6.2.2 Excel による可視化

#### A グラフ作成手順

マイクロソフトの表計算ソフト Excel（エクセル）を使った一般的なグラフ作成手順を**図6.7**に示す.

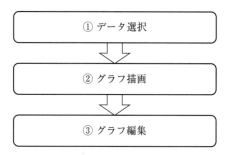

図6.7　グラフ作成手順

【手順】

① 　データ選択：グラフ化する表の範囲を選択する．

② 　グラフ描画：適切なグラフを選択して描画する．

③ 　グラフ編集：描画したグラフの構図を編集する．

グラフ作成機能
【手順】
(1) Excel を起動．
(2)［空白のブック］を選
択してワークシートを表
示．
(3)［ファイル］タブから
［名前を付けて保存］で保
存先を選択．
(4) ファイル名［グラフ］
で保存．

**B　グラフ作成機能（実習）**

ここでは簡単な棒グラフを例に，グラフ作成手順を実践してみる．

① 　データ選択では，**図6.8** に示すようにグラフ化する表の範囲
（A1 から B6）や，表の範囲内の1つのセル（A1）を選択してお
く．

| | A | B |
|---|---|---|
| 1 | 科目 | 点数 |
| 2 | 国語 | 80 |
| 3 | 数学 | 70 |
| 4 | 理科 | 85 |
| 5 | 社会 | 75 |
| 6 | 英語 | 90 |

図6.8　グラフ化する表の範囲やセルの選択［🌐］

（ヒント）グラフ作成
グラフ化する表の範囲やセ
ルを選択したあと，ファン
クションキーの F11 キー
を押すと，新しいシートに
グラフが作成できる．

② 　グラフ描画では，［挿入］タブの［グラフ］グループにある［縦
棒/横棒グラフの挿入］から，［2-D 縦棒］の［集合縦棒］を選
択して描画する（**図6.9**）．また，キーボードから Alt キーと
ファンクションキーの F1 キーを同時に押して描画してもよい
（**図6.10**）．

③ 　グラフ編集では，グラフ要素に軸ラベルの第1横軸，第1縦軸を
同時に加えるため，［グラフのデザイン］タブの［グラフのレイ
アウト］グループにある［クイックレイアウト］から［レイアウ

図 6.9 ［縦棒/横棒グラフの挿入］から［2-D 縦棒］を選択

（ヒント）グラフ描画
グラフ上をポイントして
ポップヒントを表示させて
みよう（図 6.10）．描画さ
れたグラフの構成要素を確
認しておくこと．

（ヒント）グラフ編集
グラフ上をポイントして
ポップヒントを表示させ，
ダブルクリックしてみよ
う．ポイントした要素の
［書式設定］を表示するこ
とができ，グラフを編集す
ることができる．

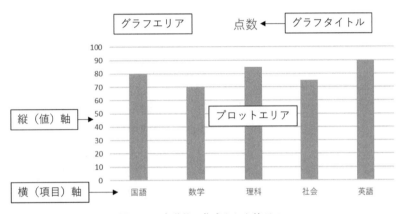

図 6.10 自動的に作成された棒グラフ

（ノウハウ）グラフ編集
グラフ編集は，ポップヒン
トを頼りに［書式設定］を
表示させ，試行錯誤しなが
ら修正しよう．間違えた
ら，「もとに戻す」ショー
トカット（Ctrl + Z）を使
うこと．

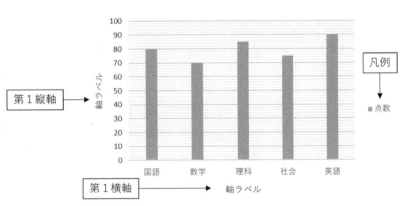

図 6.11 ［レイアウト 7］を選択した棒グラフの構図

ト 7］を選択する（図 6.11）．凡例（はんれい）を選択して削除
し，第 1 縦軸を「点数」，第 1 横軸を「科目」と編集すれば完成
である（図 6.12）．

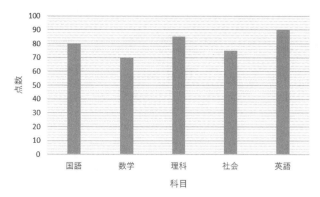

図 6.12　軸ラベルを編集し完成した棒グラフの構図

## 6.3　インターネットとアクセス解析

　人工知能（AI）を作るための機械学習では，大量のデータ（ビッグデータ）からルールやパターンなどを学習する．マーケティング分野で活躍する AI は，このようなビッグデータを取得するため Web サイト閲覧から得られるアクセスログを積極的に活用している．ここでは，インターネットの基礎的内容を説明したうえで，Web サイト閲覧のしくみとアクセス解析について解説する．

### 6.3.1　インターネット

#### A　LAN と WAN

LAN
構内通信網
　我々が学校や会社で使うパソコンは，学内や社内のネットワークに接続されている．このように限られた範囲（構内）内に構築されたネットワークを LAN（Local Area Network）と呼ぶ（**図 6.13**）．また，学外や社外の人たちと通信するためには，お互いの LAN と LAN を，電気通信事業者が提供する通信回線で結ぶ必要がある．このように LAN と

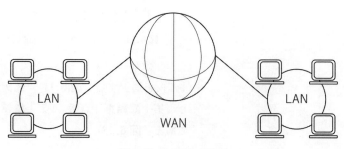

図 6.13　LAN と WAN

LAN を結んだネットワークを **WAN**（Wide Area Network）と呼ぶ.

**B クライアントサーバ**

我々が学校や会社でパソコンを使うとき，印刷やファイル保管などのサービスは，他の専門的な処理を担当するコンピュータに任せた方が効率がよい．このとき，サービスを依頼する側を**クライアント**と呼び，専門的な処理を担当する側を**サーバ**と呼ぶ（**図6.14**）.

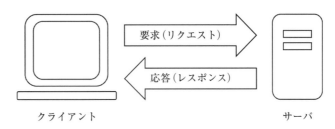

**図6.14** クライアントサーバ

**C インターネットのしくみ**

**インターネット**とは，世界各地のネットワーク（LAN）を結んだ世界最大の WAN である．我々が利用するパソコンからデータを送信すると，無数の中継器（**ルータ**）を渡り歩きながら，目的地まで**バケツリレー方式**で届くしくみになっている（**図6.15**）．さまざまな情報通信機器をインターネットに接続してデータの送受信ができるようにするため，共通する約束事として TCP/IP（Transmission Control Protocol/Internet Protocol）という**プロトコル**が採用されている．また，送受信するとき，相手がわかるように住所にあたる **IP アドレス**が割り当てられている.

WAN
広域通信網

クライアント
依頼人

サーバ
給仕人
印刷のためのプリントサーバ，ファイル保管のためのファイルサーバ，Webページのための Web サーバなどがある.

インターネット
1969 年に米国国防総省の高等研究計画局が始めたARPAnet（アーパネット）が起源である.

ルータ
異なるネットワークをつなぐ装置.

バケツリレー方式
データをパケット（小包）に分割し，次から次へと手渡しながら送信すること.

プロトコル
通信規約のこと.

IP アドレス
インターネットに接続された通信相手を識別するための番号である.

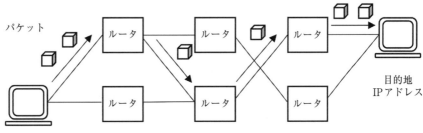

**図6.15** インターネットのしくみ

クラウドストレージサービ
ス
cloud とはインターネット
上のサーバ群を「雲」と例
えた表現である.

### D　クラウドサービス

　パソコンやスマホなどの情報通信機器がインターネットに接続できる
ようになったことから，インターネットを介してハードウェアや基本ソ
フトウェアなどのサービスを手軽に利用できるようになった．このよう
なサービスの利用形態をクラウドサービス（**クラウドコンピューティン
グ**）と呼ぶ．自宅のパソコンで**クラウドストレージサービス**を利用して
編集・保存したファイルは，学校のパソコンやタブレット，スマホなど
でも閲覧・編集できる（**図 6.16**）.

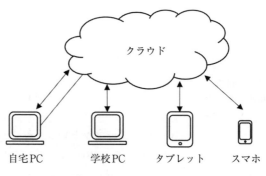

自宅PC　　　　学校PC　　　タブレット　　スマホ

図 6.16　クラウドサービス

### 6.3.2　Web サイト閲覧

#### A　どのようなしくみで閲覧できる？

WWW
Web ページを記述する
HTML（ハイパーテキス
ト）によって，ページ間に
リンクを設定し，相互に参
照（ハイパーリンク）でき
るようにしたシステム.

　Web ページ（ホームページ）の閲覧は WWW（World Wide Web）
と呼ぶシステムによって実現される．WWW にアクセスするにはクラ
イアント側に Web ページ閲覧ソフトウェアの **Web ブラウザ**が必要で
ある．Web ページが保管されているコンピュータを **Web サーバ**と呼
ぶ．Web サーバの住所にあたる IP アドレスを問い合わせるコンピュー
タを DNS（Domain Name System）**サーバ**と呼ぶ．Web ページを閲覧
するときの処理の流れは**図 6.17** のようになる.

　【手順】

① クライアント（Web ブラウザ）から，閲覧する Web サイトのド
　　メインを含んだ URL(Uniform Resource Locator)を指定する.

ドメイン
インターネットに接続され
た通信相手を識別するため
の名前である．ドメインは
IP アドレスに対応付けら
れている.

② クライアント（Web ブラウザ）は，URL に含まれるドメインの
　　IP アドレスを DNS サーバに問い合わせる.

③ DNS サーバは，ドメインに対応する IP アドレスをクライアント
　　（Web ブラウザ）に返信する.

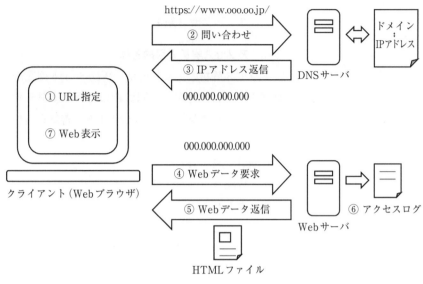

**図 6.17**　Web サイト閲覧のしくみ

④　クライアント（Web ブラウザ）は，取得した IP アドレスの
Web サーバに Web ページのデータ（HTML ファイル）を要求
する.

⑤　Web サーバは，Web ページのデータ（HTML ファイル）をクラ
イアント（Web ブラウザ）に返信する.

⑥　Web サーバは，クライアント（Web ブラウザ）に返信した Web
ページの内容をアクセスログに記録する.

⑦　クライアント（Web ブラウザ）は，受信した Web ページのデー
タ（HTML ファイル）を画面上に表示する.

**B　アクセスログとは**

**アクセスログ**とは，Web サイト閲覧の履歴を記録したデータであり，
閲覧者の行動のログデータである. Web サーバに保存されたアクセス
ログのファイルには**表 6.1** に示す内容が記録される.

ログ
丸太や航海日誌などの意味
がある.

Apache
Web サーバソフトウェア
である.

**表 6.1**　アクセスログに記録される内容（Apache の結合ログ形式）

| 項目 | 内容 |
|---|---|
| IP アドレス | 閲覧者のインターネット上の住所にあたる IP アドレス |
| リクエスト日時 | Web サーバに Web ページのデータを要求した日時 |
| ファイル情報 | クライアントから要求された Web ページのファイル名 |
| リファラ | どの Web ページを経由して訪問したのかを示す参照元 |
| エージェント | 閲覧者が利用しているパソコンやブラウザに関する情報 |

### 6.3.3　アクセス解析

#### A　アクセス解析の目的とは

**アクセス解析**の主な目的は，Web サイト閲覧から得られるアクセスログをもとに，訪問した閲覧者の行動履歴を分析・可視化することによって問題点を見つけ，Web サイト改善策を実施・評価することである[1].

【手順】（図 6.18）

① Web サイト訪問者のアクセスログを収集する.

② アクセス解析ツールを用いてアクセスログを分析・可視化する.

③ アクセス解析結果をもとに Web サイトの改善策を実施・評価する.

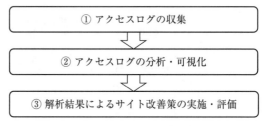

図 6.18　アクセス解析手順

#### B　アクセス解析によってわかること

・**ユーザー数**：集計期間内にサイトを訪問した重複しない訪問者数

・**セッション数**：集計期間内にサイトを訪問した訪問者の訪問回数

・**直帰率**：集計期間内に最初の 1 ページを見ただけで離脱した割合

・**平均セッション継続時間**：集計期間内のセッション平均継続時間

セッション
Web サイトを訪問してから離脱するまでを 1 セッションと数える.

## 6.4　アクセス解析ツールによる可視化事例

Web サイト閲覧の履歴を記録したアクセスログは，表 6.1 に示した内容が記録された膨大なテキストデータである．そのため，そのままの状態では Web サイトを訪問した閲覧者の傾向を分析することは難しい．アクセスログをあらゆる角度から有効活用するためには，さまざまな機能を備えたアクセス解析ツールを活用する必要がある．なかでも Google が無償で提供する Google Analytics[2]はたくさんの可視化機能を備えている．さらに，インタラクティブ・データビジュアライゼー

ションの機能を備えているため対話的にアクセス解析を実施することができる。ここでは，基本となる可視化事例から応用となる可視化事例を紹介する。

### 6.4.1 基本となる可視化事例

#### A 棒グラフによる可視化（図6.19）
ユーザー獲得方法やユーザーの地域を棒グラフで確認できる。

**ユーザー獲得方法**
ユーザーがどのような経路（流入経路）で Web サイトを訪問したのかを知ることができる。

**ユーザーの地域**
Web サイトを訪問したユーザーのいる国や地域を知ることができる

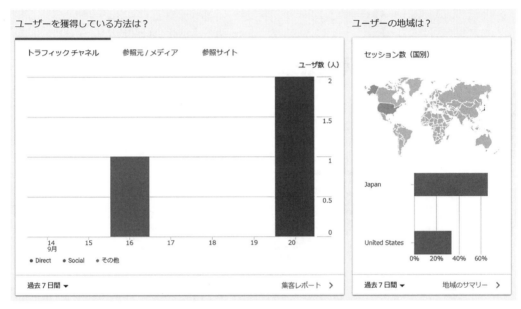

**図6.19** 棒グラフによる可視化事例

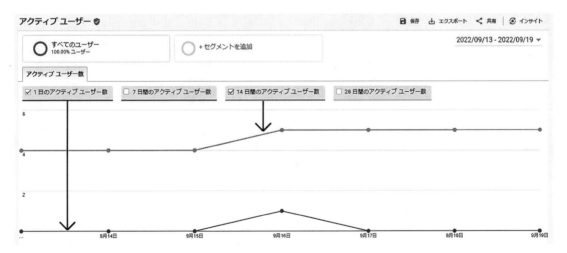

**図6.20** 折れ線グラフによる可視化事例

図6.21　地域データの可視化事例

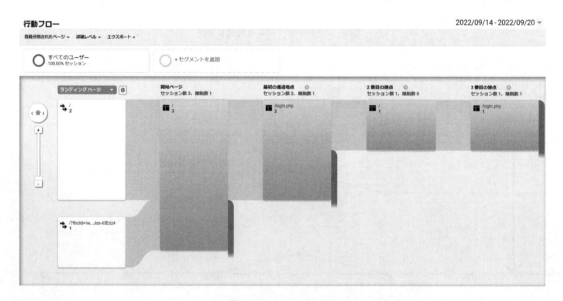

図6.22　ユーザーフロー（ユーザー動線）の可視化事例

アクティブユーザー数
指定した期間内に Web サイトを訪問したユーザーの数を知ることができる.

地域属性
Web サイトを訪問したユーザーのいる地域を, 国, 市区町村, 大陸, 亜大陸に分けて地図上に表示できる. 地図上の地域をマウスオーバーすることによって, ユーザー数を対話的に確認できる.

ユーザーフロー
ユーザーが, どの参照元から Web サイトを訪問し, どのようなページを経由して目的とするページを閲覧し, 最後にどのページから Web サイトを離れたのかを知ることができる.

**B　折れ線グラフによる可視化（図 6.20）**

アクティブユーザー数を折れ線グラフで確認できる.

図 6.20 では, その日を含む 1 日, 14 日のアクティブユーザー数を表している.

### 6.4.2　地図やフローを使った可視化事例

**A　地域データ表示（図 6.21）**

ユーザーの地域属性を地図上に表示することができる.

**B　ユーザーフロー（図 6.22）**

ユーザーのページ閲覧の流れ（行動フロー）を視覚的に表示したり分析したりすることができる.

**練習問題**

**6.1**　次の①から④のグラフはどれか. 選択肢から選べ.

① 比較的少ない項目の数値データを, 全体に対する割合を面積とした視覚的表現に変えて表す.

② 多角形の形状を見ることによって, バランスや特徴を知ることができる.

③ 項目の数値データを, 高さや長さなどの視覚的表現に変えて表すことで, 項目間の大小を比較できる.

④ 項目の数値データを, 点と点を結んだ線などの視覚的表現に変えて表すことで, 時間経過を伴う変化を知ることができる.

【選択肢】

ア　棒グラフ　イ　折れ線グラフ　ウ　円グラフ
エ　レーダーチャート

**6.2**　次の文章中の（ ）に入る適切な語句を記述しなさい.

学内などの限られた範囲内に構築されたネットワークを（①）と呼ぶ. 電気通信事業者が提供する通信回線で（①）を結んだネットワークを（②）と呼ぶ. 学内パソコンで印刷やファイル保管などの作業を依頼する側を（③）と呼び, 専門的な処理を担当する側を（④）と呼ぶ.

インターネットは, データ送信を行う際に, 無数の（⑤）を渡り歩きながら, 目的地まで（⑥）方式で届くしくみをもつ. データは（⑦）に分割されて送り届けられる. データの送受信をするための共通する約束事として（⑧）というプロトコルが採用されている. 送受信するときの通信相手を識別する番号として（⑨）が割り当てられている. インターネットを介して

ハードウェアや基本ソフトウェアを利用することができるサービス形態を
（⑩）と呼ぶ.

**6.3**　次の文章中の（）に入る適切な語句を記述しなさい.

Web ページを閲覧するときに利用するパソコンやスマートフォンのことを
クライアントと呼ぶ. Web ページを閲覧するソフトウェアのことを（①）
と呼ぶ. Web ページが保管されているコンピュータのことを（②）と呼
ぶ. Web ページを閲覧するときは, Web サイトのドメインを含んだ（③）
を指定する. クライアントは（③）に含まれるドメインの IP アドレスを
（④）に問い合わせる. クライアントは取得した IP アドレスをもつ（②）
に Web ページのデータを要求する.（②）は, Web ページの送信内容を
（⑤）に記録する. クライアントは受信した Web ページのデータを画面上
に表示する.

〔**参考文献**〕

[1] 樽井勇之：製造業支援ポータルサイトにおけるサイト改善提案と効果測
定「いせさきものづくりネット」のアクセス解析をもとに, 上武大学経
営情報学部紀要, 38, 1-24, 2013

[2] Google Analytics, https://analytics.google.com（令和5年6月25日参照）

[3] 宇野毅明：人の思考に寄り添ったデータ解析技術への道（小特集 データ
サイエンスにおけるデータ抽象化によるデータ理解へのアプローチ）.
電子情報通信学会誌＝ The journal of the Institute of Electronics, Infor-
mation and Communication Engineers 104.3：192-196, 2021

[4] 中小路久美代：データ可視化におけるデータインタラクティビティ, 電
子情報通信学会誌, Vol. 104, No.3, 197-205, 2021

[5] 北川源四郎他：教養としてのデータサイエンス, 講談社, 2022

[6] Scott Murray, 長尾高弘訳：インタラクティブ・データビジュアライ
ゼーション D3.js によるデータの可視化, オライリージャパン, 2014

[7] 石井研二：新版 アクセス解析の教科書, 翔泳社, 2009

[8] 小川卓：ウェブ分析論, Softbank Creative, 2010

# part 3　データリテラシー
～統計学からデータリテラシーへ～

　　データから知見を得ることは，データサイエンスの一つの分野である．データを収集，整理，分析して，知見を得ることになる．データサイエンス技術の有用性は大規模データセットに限ったことではなく，小規模データセットに適用しても新たな知見が得られることが多い．最近では，コンピュータ性能の向上とソフトウェアの進展により，手元の PC を利用してデータ分析を容易に行えるようになってきている．表計算ソフトにも，データ分析機能が充実してきている．そこで，このパートでは，身近なデータセットと表計算ソフトを利用して，さまざまな角度からデータ分析を試みて，データの特性を捉えるデータリテラシーの取得を目指すことにした．

<table>
<tr><td>**7**</td><td></td></tr>
</table>

# データを読み取る

　この章では，データを読み取るための基本的なことを学ぶ．最初に，よく見かけるグラフ表現から，データの概要を読み取ることを学ぶ．次に，データの種類，データの分布，度数分布表，データの中心，データのバラツキなどの，1変数の基本的なデータ処理を学習する．さらに，散布図や相関などの2変数の簡単なデータ処理についても学ぶ．なお，いくつかのデータ処理においては，表計算ソフトウェア Excel の該当関数も示した．

## 7.1　グラフから読む

### 7.1.1　データサイエンスと統計

　データから知見を得ることは，データサイエンスの一つの分野である．この手順は，データを収集し，整理し，分析する，という手順になる．統計の知識は，主に分析の段階で必要とされる．近年では，コンピュータの性能向上，ソフトウェアの研究開発により，データ分析において，統計と情報技術を組み合わせて課題解決につなげるようなっている．よく知られている大量データの特性を表す平均値などの統計量の計算や，仮説の検定などの他に，情報の可視化により大規模データの特性を視覚的に捉えることや，確率の考えを取り入れて過去データから今後を予測するような研究開発が進んでいる．このパートでは，統計の基礎として，データの特性を捉えることに着目する．

### 7.1.2　グラフから読む

　データの表現方法には，数値，表，グラフなどがある．特に，グラフ

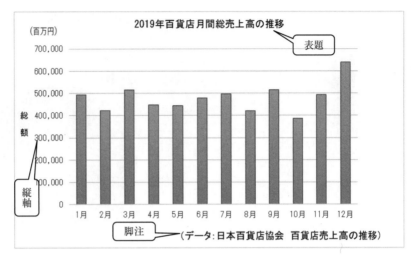

**図 7.1** 百貨店の月間売上推移

表現されたデータからは，さまざまなことを読み取ることができる．ここでは，**図 7.1** のグラフから多様な情報を読み取ってみる．

グラフの表題からは，グラフの目的や内容がわかる．このグラフは2019 年の百貨店月間売上推移のグラフであることがわかる．また，脚注からは，データや資料の源である統計調査の種類，書籍名，インターネットの URL などがわかる．このグラフのデータは，日本百貨店協会が公表している百貨店売上高の推移であることが示されている．

グラフ領域に描かれたグラフから，データの変化の様子や構造を読み取ることができる．使用するグラフの種類は，説明・表現したい事項により，おおよそ決まる．データの大小を比較したい場合は棒グラフを使用することが多い．横軸，縦軸を見ると，データの大きさや単位を読み取ることができる．このグラフでは，月間売上総額を比較しようとしていることがわかる．横軸から月単位のデータを表し，縦軸から月間総売上額は毎月数千億円であることがわかる．

**図 7.2** は，2019 年 2 月の売上げの内訳を表している．このグラフから食料品，衣料品は，それぞれ 25％を超える割合を占めていることがわかる．内訳を表現したい場合は，円グラフや帯グラフを使用することが多い．

さらに，グラフを作成した目的，背景なども考えながら，自分で関連情報を探してみると，知識はさらに深まる．

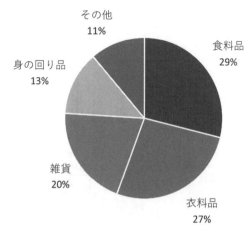

図7.2　百貨店の売上内訳

## 7.2　データの尺度と種類

### 7.2.1　データの収集と所有

　デジタル化が進んだ現代では，データは日々刻々と生成され，社会に
データが溢れている．データは，組織内の業務データ，調査データ，Web
サービスで発生するデータ，センサーデータ，SNS などで発生する
パーソナルデータなどに分類できる．具体的なデータ例は，**表7.1** に示
す．
　しかしながら，特定の目的をもってデータを集めようとすると，調査

**表7.1** データの種類

|  | 具体的なデータ |
|---|---|
| 業務データ | 顧客データ，経理データ，POS データ，レセプト（診療報酬）データ，電子カルテデータ，画像診断データ |
| 調査データ | 市場調査データ，アンケート調査データ，政府統計 |
| Web サービスデータ | e-コマースの販売ログ，商品レビュー |
| センサーデータ | GPS データ，RFID データ，防犯カメラの画像データ |
| パーソナルメディアデータ | 電子メールデータ，SNS データ |

の実施やデータ収集のための設備などに，多くの労力や費用が生じる．
そこで，データの収集，データの再利用，データの所有について説明する．

　データの収集や所有の点からデータを分類すると，1次データ，2次
データ，3次データに分類できる．**1次データ**は特定の目的のために自
ら収集したデータである．目的に沿ったデータを集めるためには，費用
や労力がかかる．このため，収集したデータは貴重なものであり，集め
た組織としては，その管理に十分注意を払うことになる．**2次データ**
は，外部が収集したデータである．官公庁，国の研究機関，新聞社，他
社などが所有しているデータである．これらのデータのうち，国や官公
庁は，個人情報が含まれる場合は十分な配慮を行った上で，多くの人が
容易に利用できるようにオープンデータとして公開している．オープン
データを利用すれば，データ作成にコストは発生しない．しかし，一般
的には，外部のデータを利用するためには，データの利用許諾や費用が
必要である．**3次データ**は，使いやすいように，複数のデータを加工し
たものである．

　また，データの利活用を進める上では，データの信頼性が重要になっ
てくる．このため，データの発生・収集状況に関するデータである**メタ
データ**が重要視されている．データを収集した場合は，メタデータを記
述しておくようにしなければならない．

### 7.2.2　データの尺度

　データには，いろいろな尺度がある．たとえば，夫妻がそれぞれクレ
ジットカードを2枚と3枚所有していれば，合計枚数は5枚である．ク
レジットカードの枚数の合計は，理解できるし，意味がある．一方，北
海道に1，青森に2，岩手に3のように，都道府県に番号をつけたとす
る．このとき，1＋2のような番号の加算を行うと，北海道＋青森＝岩
手　のような計算をしていることになる．都道府県番号の合計は，理解
できないし，無意味である．

　データの尺度は，**表7.2**に示すように4種類に区分できる．名義尺度
や順序尺度を有するデータは，**質的変数**といわれる．間隔尺度と比例尺
度を有するデータは，**量的変数**といわれる．量的変数は数値処理が可能
であり，質的変数は数値処理が不可能であることが，両者の大きな相違
点である．このため，変数の種類により，統計処理の方法は異なる．

**表7.2**　データの尺度

| 種　　類 | 説　　　　明 |
|---|---|
| 名義尺度<br>（nominal scale） | データの順序に意味がない<br>いくつかのカテゴリーに分類するための尺度<br>データ間の四則演算は，無意味<br>具体例：性別，血液型 |
| 順序尺度<br>（ordinal scale） | 数値が等間隔とは限らない<br>順序の差（例：5段階評価の3と4の差）は数値化できない<br>大小比較（順序）には意味有<br>具体例：3段階評価（好き，普通，嫌い），学年 |
| 間隔尺度<br>（interval scale） | 数値が等間隔である<br>絶対的な基準，0が定まっていない<br>データ間の加算や減算に意味有<br>具体例：時刻，気温 |
| 比例尺度<br>（ratio scale） | 数値が等間隔である<br>絶対的な基準，0が定まっている<br>値の間の差だけでなく倍数関係にも意味がある尺度<br>具体例：身長，血圧，血糖値 |

## 7.3　データの中心

　多くのデータの特徴を一つの数値で表すものとして，私たちは，平均値をよく使う．平均値のように，データの特徴で数値のことを統計量という．統計量には，データの分布の中心の位置を表す値（平均値，中央値），データの分布のばらつきの大きさを表す値（分散，標準偏差）などがある．

　**平均値**：各データの総和をデータ数で割った値

　**中央値**：小さい順に並べたときに，中央に位置する値

　**最頻値**：最も高頻度に出現する値

　たとえば，**表7.3**は，ある大学の部員10名の鉄道サークルの調査からわかった各自が所有する記念切符の枚数である．6月の調査では，全部員の所有する記念切符の総数は，60枚であり，一人当たりの平均所有枚数は

$$平均値 = \frac{60}{10} = 6$$

となり，平均値＝6である．少し一般的な式にすると，次のようになる．

$$平均値 = \frac{1}{データ数 n}（データ1 + データ2 + \cdots + データ n） = \frac{1}{n}\sum_{i=1}^{n}（データ i）$$

**表7.3** 記念切符所有枚数

| 調査月 | 部員毎の記念切符の所有枚数 | | | | | | | | | | 合計 |
|---|---|---|---|---|---|---|---|---|---|---|---|
| 6月 | 3 | 8 | 5 | 10 | 6 | 5 | 6 | 2 | 9 | 6 | 60 |
| 9月 | 3 | 8 | 6 | 10 | 25 | 5 | 6 | 2 | 9 | 6 | 80 |

**表7.4** 記念切符所有枚数（大きさの順）

| 調査月 | 部員毎の記念切符の所有枚数 | | | | | | | | | | 合計 | 中央値 |
|---|---|---|---|---|---|---|---|---|---|---|---|---|
| 6月 | 2 | 3 | 5 | 5 | 6 | 6 | 6 | 8 | 9 | 10 | 60 | 6 |
| 9月 | 2 | 3 | 5 | 6 | 6 | 8 | 9 | 10 | 25 | | 80 | 6 |

また，9月の調査結果では，一人の部員の所有枚数が6枚から25枚に飛びぬけた値に変化した．他の部員には変化がなかった．この結果，9月の調査では，全部員が所有する記念切符の総数が80枚となり，一人当たりの平均所有枚数8枚となった．なお，この25のような他の値と比べて，極端に大きい値や，極端に小さい値を**外れ値**という．

**中央値**は，データを小さい順に並べたときに，中央に位置する値である．中央値は，データ数が偶数の場合と奇数の場合に分けて考える必要がある．データ数が奇数の場合は$(n-1)/2+1$番目の値であり，データ数が偶数の場合は$n/2$番目の値と$(n/2+1)$番目の値の平均値となる．

表7.3の観測値を小さい順（昇順）に並べると**表7.4**のようになる．部員数は10名であるため，中央値は5番目に位置するデータと6番目に位置するデータの平均値となる．したがって，6月分の中央値は6である．9月分の中央値も6枚と変化しなかった．

平均値や中央値は，データの中心を表すものであるが，注意する点がある．9月の調査では，一人の値が6から25に変化し，外れ値が発生した．この結果，平均値は6から8に変化したが，中央値の変化はなかった．つまり，平均値は外れ値の影響を受けやすい統計量であるが，中央値は影響を受けにくい統計量であることがわかる．

**最頻値**は，最も高頻度に出現する値であるから，6月の調査データ，9月の調査データともに6である．

Excelには，データの中心を表す平均値や中央値を求める関数がある．これを，**表7.5**に示す．ここで述べた平均は，**算術平均**といわれる最も一般的な平均である．平均には，このほか，調和平均や幾何平均がある．

**調和平均**は，速度の平均などに用いる．たとえば，自宅から片道60

**表7.5**　Excel 関数（データの中心）

| 名前 | Excel 関数形式 | 機能 |
|---|---|---|
| 平均値 | AVERAGE（範囲） | 範囲内のすべての値の合計をデータ数を割った値 |
| 中央値 | MEDIAN（範囲） | 範囲内のすべての値を大きさの順に並べたときの中央の値 |
| 最頻値 | MODE（範囲） | 範囲内で最も出現回数の多い値 |

km の観光地との間を車で往復したとする．行きは時速60 km で走り2時間かかり，帰りは時速40 km で走り3時間かかったとする．往復では120 km の行程を5時間で走ったことになり，平均時速は48 km となる．

　幾何平均は，割合の変化の平均（成長率の平均など）に用いる．実際の計算は，各データの値をすべてかけ合わせて，データ数の累乗根をとることになる．

## 7.4　度数分布表

### 7.4.1　度数分布表

　データの分布状況を把握したいときに有効な手段として，度数分布表やヒストグラムがある．**表7.6**は，ある小売店グループの3部門のパートタイム勤務者の月間勤務時間の度数分布表である．**度数分布表**は，データがどのくらいの範囲に，どのくらいあるのかを把握するのに，有効なものである．度数分布表では，データの区間のことを**階級**，各区間の中央の値を階級値，各階級に含まれるデータ数を**度数**という．なお，通常，度数分布表では，階級値を表示しないが，ここでは，理解を促進するため，階級値を表示している．

**表7.6**　部門別勤務時間の分布 ［⊕］

| 勤務時間 | 階級値 | 惣菜 | ベーカリ | 寿司 |
|---|---|---|---|---|
| 70～80 未満 | 75 | 6 | 6 | 16 |
| 80～90 未満 | 85 | 10 | 4 | 18 |
| 90～100 未満 | 95 | 18 | 8 | 4 |
| 100～110 未満 | 105 | 20 | 10 | 6 |
| 110～120 未満 | 115 | 14 | 22 | 14 |
| 120～130 未満 | 125 | 8 | 20 | 16 |

また，度数分布表から平均値を求めることができる．実際には，階級毎の値の総和を階級値×度数で代替することで求める．数式で表すと，次のようになる．

平均値＝((階級1の階級値×階級1の度数)＋(階級2の階級値×階級2の度数)＋…＋(階級 $n$ の階級値×階級 $n$ の度数))/総度数

そこで，表7.6のデータから惣菜部門のパート勤務者の平均勤務時間を求めてみる．**表7.7**は，惣菜部門のパートタイム勤務者76名の平均勤務時間を求めるために，階級値×度数 などを計算したものである．この表から，平均勤務時間は 7720÷76＝101.5 時間であることがわかる．

**表7.7** 平均値算出用データ [⊕]

| 勤務時間 | 階級値 | 惣菜の度数 | 階級値×度数 |
|---|---|---|---|
| 70～80 未満 | 75 | 6 | 450 |
| 80～90 未満 | 85 | 10 | 850 |
| 90～100 未満 | 95 | 18 | 1710 |
| 100～110 未満 | 105 | 20 | 2100 |
| 110～120 未満 | 115 | 14 | 1610 |
| 120～130 未満 | 125 | 8 | 1000 |
| | 合計 | 76 | 7720 |

### 7.4.2 ヒストグラム

**ヒストグラム**は，度数分布をグラフ表現するものの一つであり，それぞれの階級の度数と面積が比例するように長方形を描いたものである．ヒストグラムは，対象データの分布の状態（形状）を把握するうえで，有効な手段の一つである．**図7.3**は，小売店の部門毎の勤務時間の分布をみるために，部門毎にヒストグラムを作成したものである．ヒストグラムから分布の状況を読み取る場合は，① 単峰性か多峰性か，② 左右対称か，③ 外れ値の有無，などに注意するとよい．

図7.3から，惣菜部門の勤務時間は，左右対称な分布形状をしていること，ベーカリ部門では右（勤務時間の長い）に偏った分布をしていること，寿司部門では，左右に分布が偏る2峰性の分布をしていることがわかる．

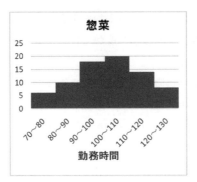
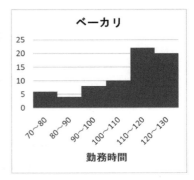
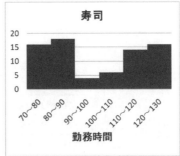

図7.3　部門別の分布状況（各区間の上端の数は，その階級に属さない）

## 7.5　データのばらつき

　平均値は，その周辺にデータが分布していることや，データの中心を表すものである．しかし，分布の広がりはわからない．**表7.8**は，鉄道サークルの6月の記念切符の所有枚数の調査結果において，所有枚数に，偏差と（偏差）$^2$を追記したものである．**偏差**は，それぞれの値と平均値との差を示す値である．偏差がプラスの場合は，値が平均値より大きく，マイナスの場合は，値が平均値より小さいことになる．この表から，所有状況は，2〜10枚の区間に分布しており，平均値は6枚であることがわかる．そして，偏差の合計は0になってしまう．そこで，それぞれの値と平均値の差を2乗したもの（偏差）$^2$の合計を計算すると，

表7.8　記念切符の所有枚数と偏差 ［⊕］

| | 記念切符 | | | | | | | | | | 合計 |
|---|---|---|---|---|---|---|---|---|---|---|---|
| 観測値 | 2 | 3 | 5 | 5 | 6 | 6 | 6 | 8 | 9 | 10 | 60 |
| 偏差 | -4 | -3 | -1 | -1 | 0 | 0 | 0 | 2 | 3 | 4 | 0 |
| （偏差）$^2$ | 16 | 9 | 1 | 1 | 0 | 0 | 0 | 4 | 9 | 16 | 56 |

**表 7.9** SL 写真の所有枚数と偏差 [🌐]

| | SL 写真 | | | | | | | | | | 合計 |
|---|---|---|---|---|---|---|---|---|---|---|---|
| 観測値 | 4 | 5 | 5 | 5 | 6 | 6 | 6 | 7 | 8 | 8 | 60 |
| 偏差 | -2 | -1 | -1 | -1 | 0 | 0 | 0 | 1 | 2 | 2 | 0 |
| (偏差)$^2$ | 4 | 1 | 1 | 1 | 0 | 0 | 0 | 1 | 4 | 4 | 16 |

56 になる. **表 7.9** は,同様に,SL 写真の所有枚数の調査結果におい
て,所有枚数に,偏差と (偏差)$^2$ を追記したものである.この表から,
SL 写真の所有枚数は,4〜8 枚の区間に分布しており,平均値は 6 枚で
ある.そして,同様に,偏差の合計は 0 であるが,(偏差)$^2$ の合計を計
算すると,16 になる.つまり,記念切符の所有枚数と SL 写真の所有枚
数の平均値はともに 6 であるが,記念切符の所有状況は,SL 写真の所
有状況より広い範囲に分布していることがわかる.この分布の状況の違
いを表す統計量が分散や標準偏差である.

(偏差)$^2$ の平均をとった値が**分散**である.そして,分散の平方根が**標
準偏差**である.データの数を $n$ にすると次のようになる.

$$分散 = \frac{(偏差)^2 の総和}{n-1} = \frac{\sum(偏差)^2}{n-1} \qquad (式 7.1)$$

この式から,記念切符の所有枚数の分散は,$56/9 = 6.2$,SL 写真の所
有枚数の分散は,$16/9 = 1.9$ となる.つまり,広い範囲に分布している
データほど,分散は大きくなる.そして,分散は,平均値を使って表す
と,次のようになる.

$$分散 = \frac{1}{n-1}\left((データ1 - 平均値)^2 + \cdots + (データ n - 平均値)^2\right)$$

また,標準偏差と分散の関係を数式で表すと,次のようになる.

$$標準偏差 = \sqrt{分散}, \qquad 分散 = (標準偏差)^2$$

分散や標準偏差は,データが平均値の近くに集まっている場合に小さ
な値を,データが平均値の遠くに分布している場合に,大きな値とな
る.たとえば,**図 7.4** に分布状況を示す 2 つのデータを考える.データ
A(図中実線)は,平均値である 0 のまわりに集中的に分布している.
一方,データ B(図中破線)は,広い範囲に値がばらついている.この
ような場合,データ B の分散の値は,データ A の分散の値より大きな
ものになる.

また,データの範囲は最大値−最小値で求められる.分散や標準偏差
を求める Excel 関数を,**表 7.10** に示す.

---

**分散と標準偏差**
データのばらつきを表す統
計量には,分散や標準偏差
がある.
分散を求めるのに,(式
7.1)のように $n-1$ で割
るのか,$n$ で割るのかの問
題はある.ここでは,偏差
の総和が 0 という制約があ
るので $n$ 個の偏差は実質
$n-1$ 個になるので,これ
で割ることとした.
$n$ で割る表 7.10 に対応す
る Excel 関数は,VAR.P()
と STDEV.P()である.

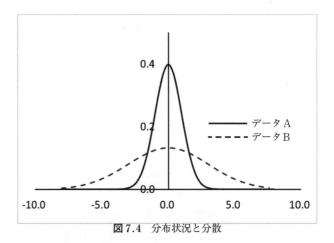

**図 7.4**　分布状況と分散

**表 7.10**　Excel 関数（データのバラツキ）

| 名前 | Excel 関数形式 | 機能 |
|---|---|---|
| 分散 | VAR. S（範囲） | 範囲内のデータの分散の値<br>データのバラツキを表す値 |
| 標準偏差 | STDEV. S（範囲） | 範囲内のデータの標準偏差の値<br>分散の正の平方根の値 |

## 7.6　クロス集計

　アンケート調査では，複数の項目に対する回答を同時に収集する．ここでは，2 つの項目の間のデータ処理について学ぶ．調査項目は，質的変数と量的変数に分けることができる．質的変数は，性別や都道府県名のように，いくつかに分類されているもの（カテゴリ）の中から選ぶ変数である．量的変数は，携帯電話の月間使用料金のような数値の変数である．変数が 2 つの場合，質的変数の関係の分析にはクロス集計を行い，量的変数の関係の分析には，散布図や相関係数を用いる．

　ある会社 X が，自社の新商品 A の販売傾向を調査するために，以下のような質問項目の**アンケート調査**を 1000 名に対して実施した．

　質問 1　あなたは，男性ですか女性ですか

　質問 2　商品 A を購入したことがありますか

　質問 3　商品 A 以外の X 社の商品を購入したことがありますか

　**図 7.5** は，質問の項目毎の集計結果を表したものである．このような集計を**単純集計**という．この集計からは，アンケート回答者は女性が多く，約半数の人が X 社の商品を購入していたなどを読み取ることがで

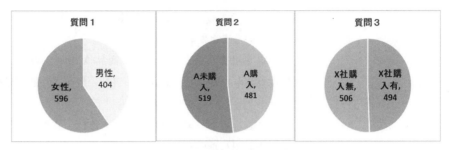

**図7.5** 質問項目の集計結果

**表7.11** 商品A購入と性別の関係 [⊕]

| | 商品A購入 | 商品A未購入 | 計 |
|---|---|---|---|
| 男性 | 251 | 153 | 404 |
| 女性 | 230 | 366 | 596 |
| 計 | 481 | 519 | 1000 |

**表7.12** 商品A購入とX社商品購入の関係 [⊕]

| | 商品A購入 | 商品A未購入 | 計 |
|---|---|---|---|
| X社購入有 | 398 | 96 | 494 |
| X社購入無 | 83 | 423 | 506 |
| 計 | 481 | 519 | 1000 |

**表7.13** X社商品購入と性別の関係 [⊕]

| | X社購入有 | X社購入無 | 計 |
|---|---|---|---|
| 男性 | 92 | 312 | 404 |
| 女性 | 404 | 192 | 596 |
| 計 | 494 | 506 | 1000 |

きる.

　性別と商品Aの購入有無のような2つの質的変数の関係を見たい場合は，クロス集計を行う．**クロス集計**は，2つの変数の度数分布を縦横に組み合わせたものである.

　アンケート結果のうち，性別と商品Aの購入の有無の調査結果のクロス集計を行うと，**表7.11**のようなクロス表を作ることができる．この集計からは，男女で商品Aの購入経験に差異はあまり見られなかった．商品Aの購入の有無とX社の商品の購入の有無の調査結果のクロス集計を行うと，**表7.12**のようになる．この集計から，商品Aを購入している人は，X社の他の商品も購入している傾向があることを読み

取ることができる．また，**表 7.13** から，X 社の商品は，女性中心に購入されていることがわかる．

　クロス集計を用いた分析では，商品 A の購入傾向において，性別の影響は見られなかった．しかし，自社の他商品の購入経験の有無が購入に関連していることが見られた．

　クロス表を用いてデータを分析する際は，調査を行う前に，どのようなことを確認したいか検討した上で，質問項目を作成し，調査を実施することが重要である．たとえば，新商品の価格について調査をしたいのであれば，新商品 A より低機能低価格の商品 B，新商品 A より高機能高価格の商品 C などの購入動向も同時に確認することが有効であったかもしれない．

## 7.7　散布図と相関

### 7.7.1　散　布　図

　散布図は，2 つの量的変数の関係を読み取るときに使用する．**散布図**を利用すると，2 つの量的変数のバラツキ具合を視覚的に読み取ることができる．**図 7.6** は，ピザチェーン店のシーフードピザとマルゲリータピザの売上げ枚数を散布図で表現したものである．

　図 7.6 から，このピザチェーンでは，シーフードピザとマルゲリータピザの販売傾向は，一方が増加すれば，もう一方も増加する関係にあることが読み取れる．散布図で，2 変数の点の分布の傾向を見たとき，一

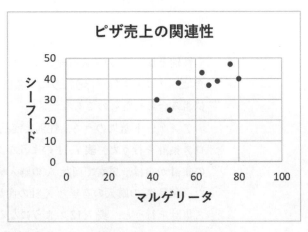

**図 7.6**　ピザ売上の関連性

方の変数の値が大きくなると他方の変数の値も大きくなる傾向にある（右肩あがりの傾向がある）場合に**正の相関**があるという．逆に，一方の変数の値が大きくなると他方の変数の値が小さくなる傾向にある（右肩さがりの傾向がある）場合に**負の相関**があるという．そして，2つの変数の間に，まったく関連がないときに，無相関である（相関関係がない）という．また，2変数間に曲線的関係があるときも，相関があるとはいわない．図7.6は，正の相関を表している．

### 7.7.2 相 関 係 数

**相関係数**は，2変数間の関係を数的に表現するものであり，−1から1の間の値をとる．点の分布がほぼ直線に近い分布を示しているとき，強い相関があるといい，相関係数の絶対値は1に近い値をとる．点の集中の程度が弱い（バラツキが大きい）とき，弱い相関があるといい，相関係数の絶対値は0に近い値をとる（**図7.7**）．また，無相関のときの相関係数の値は0である．このように，相関関係では，強弱を見ることもできる．また，**表7.14**は相関係数を求める Excel 関数である．

相関係数
相関整数 $R$ は，$-1 \leqq R \leqq 1$ の範囲の値である．絶対値が1に近いほど強い相関となる．

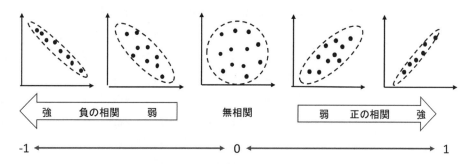

図7.7 相関の強弱と相関係数

表7.14 Excel 関数（相関関係）

| 名前 | Excel 関数形式 | 機能 |
|---|---|---|
| 相関係数 | CORREL（範囲1, 範囲2） | 範囲1のデータと範囲2のデータの相関係数を求める |

### 7.7.3 相関と因果

相関関係は2つの変数の関係を表すものである．図7.6のピザ売上げの散布図から，このピザチェーンにおいて，シーフードピザとマルゲリータピザ売上げは，正の相関の関係があるように読み取れる．しか

し，これは，「マルゲリータピザの売上げを増加させれば，シーフードピザの売上げが増加する」ことを意味しているわけではない．つまり，相関は，2つの変数の単なる関係を表すものであって，原因と結果の関係を表すものではない．一方，**因果**は原因と結果の関係を表すものである．片方を原因として，もう一方を結果とする関係がある場合は，因果関係という．これらの関係を**図7.8**に表す．

相関：方向性がない　　　　　　因果：方向性がある

**図7.8**　相関と因果

## 7.8　標 本 調 査

研究対象や興味をもった集団の特性を明らかにする場合には，その集団に対する調査や実験を行う．大規模な集団を対象にした調査では，集団全体の調査が，費やせる労力，費用，時間などの制約から不可能であることが多い．このため，一部の対象だけを統計的に偏りがないように抽出して**標本調査**を行うことが多い．国の調査で，全体を対象にした全数調査（**悉皆調査**）は，国勢調査などに限られる．

**標本調査**では，抽出された標本を統計処理することで，母集団の特性を推測することになる．このため，推測された母集団の特性には，一定の誤差が存在する．しかし，統計的な方法で標本を抽出することで，誤差を数量的に評価することが可能になる．

標本抽出の方法には，**表7.15**に示すように，単純無作為抽出法，系統抽出法，層化抽出法，多段抽出法などがある．その基本となるのが，乱数表などを使用して無作為に個体を抽出する**単純無作為抽出法**である．

**層化抽出法**は，母集団を属性（年齢層別，職業別，地域別など）によ

**表7.15**　標本抽出法

| 標本抽出法 | |
|---|---|
| 単純無作為抽出法 | 乱数表などを使用して抽出，無作為抽出の基本 |
| 系統抽出法 | 最初だけ無作為に，2番目以降は等間隔に抽出 |
| 層化抽出法 | 属性により層化し，層別に無作為に抽出 |
| 多段抽出法 | グループ分けし，抽出したグループから無作為抽出 |

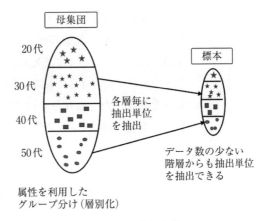

図7.9　層化抽出法

り層化する方式である（**図7.9**）．ある団体の20歳から59歳までの成人会員1万人の母集団を対象にし，標本サイズ100人の調査を想定して，単純無作為抽出法と層化抽出法の比較を行う．層化抽出法では，図7.9に示すように，年齢層別に母集団を20代，30代，40代，50代に層化し，各層の人数に応じて標本を抽出する．たとえば，30代の会員が3500人であれば，その人数に比例して35人を標本として抽出することになる．一方，単純無作為抽出法では，成人会員1万人の名簿から乱数表などを用いて単純に100人を抽出するため，抽出結果の年齢層別分布に偏りが生じやすい．このように，層化抽出法による標本は母集団のもつ特性が反映されている可能性が高い．

　**多段抽出法**は，第1段階で調査対象とする支店の中から所定数の店舗を無作為に抽出，第2段階で抽出された店舗からそれぞれ所定数の部門を無作為に抽出，第3段階で部門の中から所定数の抽出単位を無作為に抽出するような方法である．

　標本抽出の重要性を示すのに，よく用いられるのが1936年に行われたアメリカ大統領選挙の予測の番狂わせである．この選挙は，大恐慌の最中に行われ，現職の民主党ルーズベルト候補と共和党ランドン候補の戦いであった．当時，世論調査業界で最も信頼されていたリテラシー・ダイジェスト社は，自社の雑誌購読者，自動車保有者，電話利用者といった平均的な収入を上回る人々から，200万人以上の回答を得て，ランドン候補の当選を予測した．一方，世論調査業界に新規参入したばかりのギャラップ社は，投票権をもつ人の全体を「収入中間層・都市居住者・女性」「収入下位層・農村部居住者・男性」のように互いに重なら

アメリカ大統領選挙の記述は，なるほど統計学園（総務省統計局）：
https://www.stat.go.jp/naruhodo/15_episode/episode/senkyo1.html
を参考にした．

ないグループに分け，それぞれのグループから決まった割合で対象を抽
出し，3000 人の回答を得て，ルーズベルト候補の当選を予測した．選
挙結果は，ルーズベルト候補が当選した．ギャラップ社はリテラリー・
ダイジェスト社の 1% にも満たない小さい標本から正しい結果を予測す
ることができた．偏りなく標本抽出することで，小さい標本サイズで
も，母集団の特性を表せることを示している．

### 練 習 問 題

**7.1　適切な語句の組み合わせを選びなさい**

データは，大きく，（①）データと（②）データに分類できる．そして尺度
は，データの測定のモノサシである．アンケート調査における「大きい，
どちらかといえば大きい，どちらかといえば小さい，小さい」のような 4
段階区分のデータは（①）データの一つである．この 4 段階データは，順
序の意味がある（③）尺度である．一方，商品の販売個数を示す数値デー
タでは，（②）データの一つである．この販売個数には，値の倍数関係にも
意味があり，尺度としては，最も高水準な（④）尺度である．

ア　①量的　②質的　③間隔　④比例

イ　①量的　②質的　③比例　④間隔

ウ　①質的　②量的　③間隔　④比例

エ　①質的　②量的　③比例　④間隔

**7.2　適切な語句の組み合わせを選びなさい**

母集団から標本を抽出する場合，標本が母集団の構成を反映するようにし
なければならない．このため，標本抽出は重要な役割を担っている．「母集
団全体の名簿から等間隔に対象者を抽出する抽出法」を，（①）と呼ぶ．
（②）は，「集団が大きい場合に小集団に分け，小集団を無作為に抽出し，
抽出された小集団から無作為に対象者を抽出する方式」である．また，
（③）は，「最初に母集団を属性によりグループ化し，次に，各グループか
ら単純無作為抽出法で標本を抽出する方法」である．
国勢調査は，5 年に 1 度行われる全国規模の大規模な全数調査である．全
数調査は，（④）ともいう．

ア　①単純無作為抽出法　②多段抽出法　③層化抽出法
　　④標本調査

イ　①系統抽出法　②多段抽出法　③層化抽出法
　　④悉皆調査

ウ　①系統抽出法　②多段抽出法　③層化抽出法
　　④標本調査

エ　①系統抽出法　②層化抽出法　③多段抽出法

④悉皆調査

**7.3** 下のクロス集計表は，ある商品の購入に関するアンケート結果である．空欄に数値を入れて完成させ，このクロス表から，男性の中で購入した人の割合を求めよ．

| 人数 | 購入 | 未購入 | 計 |
|---|---|---|---|
| 男性 | 28 | 12 | 40 |
| 女性 |  | 28 | 60 |
| 計 |  | 40 |  |

**〔参考文献〕**

[1] 河口洋行：文系のための統計学入門，日本評論社，2021

[2] 松田稔樹，萩生田伸子：問題解決のためのデータサイエンス入門，実教出版，2021

[3] 佐々木弾：知識ゼロでも楽しく読める！統計学のしくみ，西東社，2021

[4] 豊田修一，星山佳治，宮崎有紀子：看護師・保健師をめざす人のやさしい統計処理，実教出版，2020

[5] 上藤一郎，西川浩昭，朝倉真粧美，森本栄一：データサイエンス入門，オーム社，2018

[6] noa 出版：活用事例でわかる！統計リテラシー，noa 出版，2014

[7] 日本統計学会：統計検定3級対応 データの分析，東京書籍，2012

[8] 柴山盛生，遠山紘司：問題解決の進め方，NHK 出版，2012

[9] 熊原啓作，渡辺美智子：改訂版 身近な統計学，NHK 出版，2012

<table>
<tr><td>**8**</td><td># データを説明する</td></tr>
</table>

この章では，グラフや統計処理を利用してデータをわかりやすく説明することを学ぶ．対象とする内容に合わせてグラフ表現を使い分けて説明する．具体的には，箱ひげ図を用いた気温変化，地図を用いた死亡率比較，ワードクラウドを用いた単語出現頻度表示，指数を用いた株価変化，などを説明する．また，不適切なグラフ表現についても説明する．

## 8.1 統計とコミュニケーション

### 8.1.1 ビューの作り手と受け手

ネットワークサービスの充実や情報蓄積コストの低下により，組織や企業は大規模なデータを容易に蓄積できるようになってきた．これに伴い，蓄積したデータの利活用が活発になってきた．

データをグラフ化し，適切なタイトルや注釈を付け加えた可視化情報（以下，ビューと記す）をコミュニケーションツールとして利用するに当たり，その作り手と受け手の関係を整理してみる．ビューの作り手の目的は，表現方法を適切に選択してデータの最も重要な特徴を示すビューを作ることである．このとき，作り手には，可視化に関する基本的な知識，可視化の該当分野知識，属性や統計処理などのデータに関する知識，グラフ作成知識の4つの知識が必要になる（**図8.1**）．

受け手の情報処理プロセスは，知覚，解釈，把握の3つのプロセスがある．**知覚プロセス**では，何のデータが表現されているか，どんなグラフで表現されているか，値はどんな範囲にあるか，などを捉える．**解釈プロセス**では，見たものを意味に翻訳するプロセスである．このプロセ

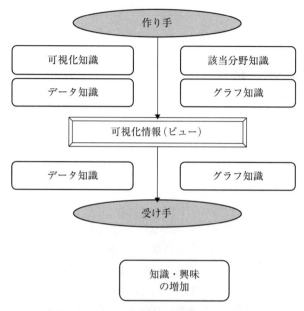

**図 8.1　ビューの作り手・受け手に必要な知識**

スでは，受け手が該当分野の専門家レベルか，該当分野の知識を多少有
するレベルか，該当分野の知識をほとんど有さないレベル（一般人）な
のか等によって，結果は大きく異なる．いい換えると，受け手の知識の
多少が翻訳のレベルに影響する．把握のプロセスでは，データの特徴の
もつ意味の解釈や，ビューからの新たな知識の獲得を行うプロセスであ
る．

　可視化した情報が作り手と受け手の間のコミュニケーションツールと
しての役割を果たすためには，グラフの知識や統計処理などのデータの
知識は作り手と受け手の双方に必要である．それぞれのグラフ表現には
人々の間に共通した理解がある．たとえば，棒グラフには，データの大
小関係を表すという理解がある．このため，データの内訳を説明するた
めに，作り手が棒グラフを使用すると，受け手はデータの大小関係を理
解しようと棒グラフを読む．結果的に，両者のコミュニケーションが円
滑に進まないことになる．

### 8.1.2　グラフ表現

　**グラフ表現**は多くの情報を視覚的にもたらす．そして，データ分析の
支援に有効である．たとえば，散布図は，X 軸と Y 軸に異なる変数を
対応させ，データをプロットして作成する．2 つの変数間の数値関係を

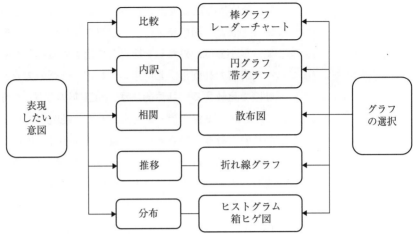

図8.2 グラフの特徴

見るときに使用する．2変数の関連の方向性や強弱などの把握に有効であり，はずれ値の存在も容易に把握できる．また，レーダーチャートは，放射状の線を利用して多角形を描くグラフである．多角形の形や大きさによって集団・個体を類型化することができる．平均値や基準値を基にしたレーダーチャートを描く場合は，平均値や基準値を結んで多角形が正多角形になるように放射状の線の目盛を決める．レーダーチャートでは，多角形の形状により，データの比較が可能である．

データをグラフ化する場合は，表現の意図とグラフの特徴を適切に選択する必要がある．**図8.2**は，いくつかのグラフの特徴について記述している．

## 8.2　気温の変化（箱ひげ図）

気象庁・過去の気象データ検索ページ
https://www.data.jma.go.jp/obd/stats/etrn/index.php

5数要約
データのばらつき具合を表すために，最小値，第1四分位数，中央値，第3四分位数，最大値の5つの数を用いて表すこと．
箱ひげ図は，この5数を図示したものである．

ここでは，気象庁ホームページの過去の気象データ検索ページから，各地の平均気温データを入手し，その変化を箱ひげ図を利用して説明する．箱ひげ図は，データの分布の概要を表す図である．複数の箱ひげ図を並べて同時に表示すると，他のデータとの比較が容易になる．

**箱ひげ図**は，**図8.3**に示すように最大値と最小値をひげで，中央値，第1四分位数，第3四分位数を箱で表す．小さい順に並べたときに，下位25％に位置する値が**第1四分位数**，下位50％に位置する値が第2四分位数，下位75％に位置する値が**第3四分位数**である．つまり，第2四分位数は中央値と等しい値である．四分位範囲は，第3四分位数と第

1 四分位数の差で定義される．つまり，四分位範囲は，箱の長さに対応する．また，箱の長さの 1.5 倍以上離れている値を外れ値として，最大値，最小値は，外れ値を除外して定義することもある．

　北海道の札幌市，北関東の佐野市，九州の大分市の気温について箱ひげ図で比較する．具体的には，2021 年の 3 月，6 月，9 月，12 月の 1 日ごとの平均気温のデータを利用して，札幌市の年間の比較と 3 市の 3 月の比較を行う．**図 8.4** は，札幌市の 4 か月の比較である．この図の 3 月の箱ひげ図では，およそ 1 度から 6 度の区間が箱で表現されている．つまり，この月の半分の平均気温は，この区間にあることを示している．また，**図 8.5** は，3 市の 3 月の平均気温の分布である．佐野市の 17,18℃付近に点がある．これは外れ値である．また，大分市では，およそ 6℃から 16℃あたりにひげが伸びている．つまり，この月の平均気温の分布範囲 6℃から 16℃であることがわかる．**表 8.1** には，四分位数関連の Excel 関数を示す．

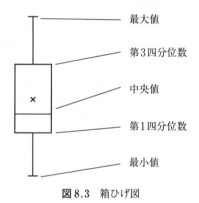

図 8.3　箱ひげ図

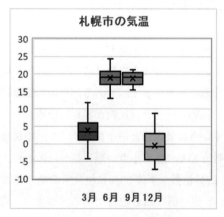

図 8.4　札幌市の平均気温

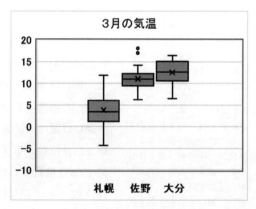

図 8.5　3 市の 3 月平均気温

表 8.1　Excel 関数（四分位数）

| 名前 | Excel 関数形式 | 機能 |
|---|---|---|
| 最小値 | MIN（範囲） | 範囲内の最小の値 |
| 最大値 | MAX（範囲） | 範囲内の最大の値 |
| 第1四分位数 | QUATILE.INC（範囲，1） | 範囲内の第1四分位数<br>データを大きさの順に並べて25%ずつに区切る値で最も小さいもの |
| 第3四分位数 | QUATILE.INC（範囲，3） | 範囲内の第3四分位数<br>データを大きさの順に並べて25%ずつに区切る値で最も大きいもの |

## 8.3　疾患の死亡率（地図表現）

　近年，地図情報がデジタル化され，特定の目的のために地図を迅速に作れるようになってきた．位置や場所の属性を有するデータ（地図空間情報）の視覚的表示や情報解析を行うシステムを地図情報システム（GIS：Geographic Information System）という．また，地図表現した情報を，ネットワークを利用して，一般の多くの人々に配信することも容易になってきた．このため，**地図空間情報**が注目されるようになってきている．

　地図情報と健康・医療の関わりは，古代ギリシャにまでさかのぼることができる．古代ギリシャのヒポクラティスは，「空気，水，場所について」で，医学を知ろうとすれば，その土地の気候，水，日照，食習慣など知る必要があると記している．また，スノー博士は，19世紀ロンドンのコレラ大流行の際，患者が発生した場所を地図上にプロットすることで，感染源となった井戸を特定し，大流行の収束につながった．

　現在，保健・医療分野において地図空間情報は，10万人当たり胃がんの罹患率，10万人当たりの看護師数など，地域，環境など空間的傾向のある，いい換えれば地域差のある問題を考えるに当たり活用されている．

　胃がんの男性年齢調整死亡率（2020年）を都道府県毎に棒グラフで表現したものが，**図 8.6** である．**年齢調整死亡率**は，比較する地域において，人口の年齢構造の差異を吸収する方法である．このグラフから，秋田県や青森県で15人を超えていることや，山梨県，鹿児島県，沖縄県などが8人以下であることがわかる．このデータは，国立がん研究センター・がん情報サービス・がん統計ホームページより入手した．

**年齢調整死亡率**
異なる集団間を比較するために，人口の年齢構成を調整して求めた死亡率．

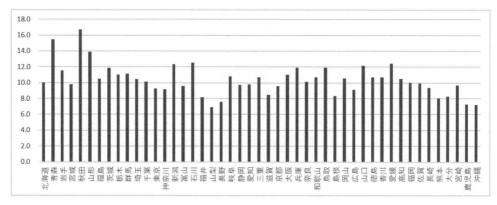

**図8.6**　都道府県別の胃がん（男性）の年齢調整死亡率

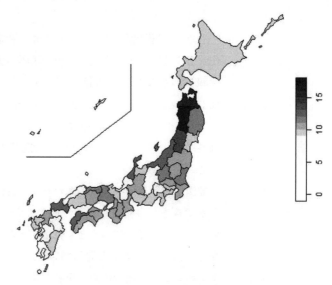

**図8.7**　胃がん（男性）年齢調整死亡率の地図表現

　　**コロプレスマップ**（Choropleth Map）は，階級区分地図であり，地
図上のそれぞれの区画に対応した統計量を区画ごとに塗り分けた地図で
ある．コロプレスマップは，地域ごとの統計量を地理情報と組み合わせ
て視覚化したものである．コロプレスマップを作成すると，地域間の統
計量の大小の比較が視覚的に行えるだけでなく，より上位の集団（市町
村から見ると県や国）の平均との比較が容易に行える．**図8.7**は，2020
年の胃がんの男性の年齢調整死亡率をコロプレスマップで表現したもの
である．
　　地図表現は，地域間の共通性や地域傾向を容易に捉えることなどの特

徴がある．地図表現を利用したことで，胃がん（男性）の年齢調整死亡
率は，西日本が低い傾向あることが容易に把握できる．

　ドットマップは，地図座標の位置にあるデータを点でプロットしたも
のである．保健医療施設が住民のアクセスしやすい配置になっているか
など保健医療サービスの空間配置の分析などに有効である．たとえば，
地図上の医療機関の存在位置を中心に円を書くことで，地域毎のアクセ
シビリティの差異を明らかにすることができる．円から外れた地域は，
距離的なアクセシビリティが悪いと考えられる．

## 8.4　自然言語処理（ワードクラウド）

　**ワードクラウド**は，図8.8のように単語がさまざまな文字の大きさで
配置されたものである．最近，テレビのニュースや情報番組でよく見か
けるものである．高頻度で出現する単語ほど，大きなフォントで描かれ
ている．この表現では，どのような単語の出現頻度が高いかが一目でわ
かる．コンピュータに蓄積されたデータからワードクラウドを作る過程
を簡単に紹介する．

　社会で生成されるデジタルデータは，表形式で表現できる構造化デー
タ（2次元の表形式）と，表形式に容易に変換できない形式のデータ，
テキストデータ，音声データ，静止画データ，動画データなどの非構造
化データに大きく分類できる．現在では，非構造化データの方がはるか
に多く生成されている．

　ここでは，人間が日常生活で使用している**自然言語処理**（テキスト
データの処理）に着目する．このデータも，近年，コンピュータ上に大
量に蓄積されてきている．たとえば，アンケート調査における自由記述
欄のデータ処理がある．アンケート調査で多くの回答を得た場合，担当

図8.8　ワードクラウド表現

者が自由記述欄を読んで，適切に記述内容を理解することは困難である．また，医療分野においては，患者とのコミュニケーション経過として記録される．大量のコミュニケーション記録を分析しようとすると，人手で行うことは困難である．そこで，コンピュータを使用して，統計的に分析する技術（テキストマイニング）が利用される．テキストマイニングは，自然言語データを統計的に分析する手法である．

　日本語の文は，英語などと異なり，単語単位に分割されていない．このため，テキストを統計的に処理する前に，形態素分析が必要となる．**形態素解析**は，文を単語ごとに分解し，品詞情報などを付与する処理である．また，**構文解析**は，形態素解析の結果などから，文節と文節の間の関係などの文の構造を明らかにするものである．たとえば，主語と述語の関係などを明らかにすることである．**図 8.9** は形態素解析の例である．

## 彼女は玄関で挨拶します

分かち書き　品詞をつける

## 彼女 / は / 玄関 / で / 挨拶 / し / ます

名詞　　　　助詞　　　　名詞　　　　助詞　　　　動詞　　　　動詞　　　　助動詞

**図 8.9**　形態素分析

　**テキストマイニング**の処理の基本的なものとして，単語頻度分析や単語共起分析がある．単語頻度分析は，単語の活用形を原形に揃えて，その出現頻度を一つ一つ数え上げることである．単語出現頻度から，高頻度の単語を知ることができ，テキストの全体の傾向を把握することができる．単語共起分析は，2 つの単語がともに出現する頻度を集計する．つまり，単語の組み合わせに注目して分析する．

　単語の頻度データは，ヒストグラムを用いて表現できる．最近では，ワードクラウドを使用して可視化することが多くなってきた．ワードクラウドでは，高頻度で出現する単語ほど，大きなフォントで描かれる．図 8.8 は，ある論文の本文部分から名詞を抽出してワードクラウドで表したものである．「データ」「視覚」「知識」「表現」などが本文中に多く表れていることがわかる．**図 8.10** は，出現頻度のきわめて高い「データ」を除外して表現したものである．テキストデータから形態素処理を行いワードクラウドで視覚化する一連の処理には，R と RMecab を用

図 8.10 「データ」を除外したワードクラウド

いた.

## 8.5 株価の変化（標準化）

### 8.5.1 株価指数

　株価は日々変化する．株式の取引所（東京市場やニューヨーク市場など）に上場されている株式全体の日々の株価の動きを把握・比較するためには，データを集め，比較可能な形に整理しなければならない．すべての株価から平均値を求める方法は，手っ取り早いが，これで，全体の動きを把握できると考える人は少ないであろう．実際は，日経平均株価指数や東証株価指数といった指数を算出して比較している．アメリカではダウ平均やナスダックなど，イギリスでは FT100 などをよく耳にする．株価指数は，取引所全体あるいは特定の銘柄群の株価を表す指標である．株価指数は，取引所全体や特定の銘柄群の株価の動きを表すものであり，ある時点の株価を基準にして増減で表す．株価指数により，時系列として連続性を保ちながら，株価の動きを長期的にみることができる．ここで，**指数**とは「ある基準を定め，その基準を 100 として，そこからの変化を増減で表す指標」のことである．

　日経平均株価指数（日経 225）は，東証上場銘柄から選ばれた主要な 225 銘柄を対象とした株価平均型の指数である．株価が高い銘柄の影響を受けやすい．東証株価指数（TOPIX）は 1968 年 1 月 4 日の時価総額

東証株価指数：
https://www.jpx.co.jp/
　markets/indices/topix/in
dex.html

表 8.2　日経 225 と TOPIX

| | 日経 225 | TOPIX |
|---|---|---|
| 算出方法 | 株価平均 | 時価総額加重平均 |
| 単位 | 円 | ポイント |
| 対象 | 225 種 | ほぼ全銘柄 |

を 100 とし，東証上場銘柄のほぼすべての銘柄を対象とした時価総額を指数化したものである（**表 8.2**）．時価総額が高い銘柄の影響を受けやすい．日経 225 と TOPIX の算出方法は異なり，指数が異なるだけでなく，その変化の傾向も異なっている．このように，多くの同じようなデータから算出した指数であっても，その算出方法により，異なる値と異なる変化傾向を示すことを理解しておく必要がある．

### 8.5.2　標　準　化

ここでは，平均値などの値が異なるデータを比較するために**標準化**について考える．たとえば，学校の試験において，自分の国語の得点が 77 点，数学の得点が 57 点であったとする．そして，国語は，平均点が 65 点，標準偏差が 12 点であり，数学は，平均点が 45 点，標準偏差が 6 点であったとする．この場合，得点だけに注目すれば，国語が優れているように見える（**図 8.11**（a））．平均点の相違を考慮し，平均点からの差を考えると，国語も数学も平均点から 12 点上回っており，同程度の成績に見える（図 8.11（b））．

次に，下の式で定義される標準得点を考えてみる．式からわかるように，**標準得点**は，観測値と平均値の差を標準偏差で割った値である．これは，平均点に加えて得点のバラツキを考慮した数値である．観測値が平均値と等しければ，標準得点は 0 であり，平均値から標準偏差分離れていれば，±1 となる．

$$標準得点 = \frac{観測値 - 平均値}{標準偏差}$$

この試験の結果を標準得点で表現してみる．国語の得点 77 点は，平均値から大きい方に標準偏差分離れているので，標準得点は +1 となる．数学の得点 57 点は，平均点から大きい方に 2×標準偏差分は離れており，標準得点は +2 となる．つまり，数学はかなり良い結果であったことがわかる（図 8.11（c））．

また，**偏差値**は，標準得点を次のように変換したものである．

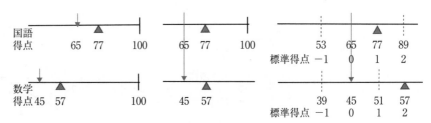

(a) 単純な数直線表現　　(b) 平均値で位置調整　　(c) 標準得点で位置調整

**図 8.11** 標準得点の説明

**偏差値＝標準得点 × 10 ＋ 50**

つまり，観測値が平均であれば偏差値 50，観測値が平均より標準偏差
分小さければ偏差値は 40，観測値が平均より 2 × 標準偏差分大きければ
偏差値は 70 となる．このように，平均値や標準偏差の異なるデータの
比較には，標準得点や偏差値を利用して，標準化してから比較するとよ
い．

## 8.6　ビールの売上高（データ予測）

　第 7 章では，2 変数間の関係を説明する統計的手段として，相関を学
習した．相関は，2 つの変数の散らばり具合に着目した考え方である．
相関は，分析対象となる 2 変数の相互関係として，その強弱を確かめる
ものである．ここでは，2 変数の関係を分析し，予測に活用できる回帰
分析について学ぶ．

**回帰直線**
説明変数と目的関数の関係
を表す直線のこと．
回帰直線を使用すると，説
明変数の値から目的変数の
値を予測できる．

　**回帰分析**は，2 つの関連のある変数のデータの組が与えられたとき，
一方の変数（**説明変数**）の値から他方の変数（**目的変数**）の値を予測す
るために，その関係を数式で表現するものである．つまり，回帰分析は
一方向性の関係を分析するものである．また，実際に観測された説明変
数に対応する目的変数の値と，回帰式から求められた目的変数の値の差
を残差という．

　ここでは，ある飲食店のビールの売上高を考えてみる．当日 13 時の
気温がビールの売上高に影響しているとする．**図 8.12** は，14 日間の両
者の関係である．図中には，**回帰直線**とその式（回帰式）が表示されて
いる．回帰式は，一般には，次のようになる．

**回帰式**
回帰式は、回帰直線を数的
に表したものである．回帰
式の係数 $a$, $b$ は、残差の
2 乗和が最小になるように
最小 2 乗法で求める．

　　　　（目的変数：$y$ の予測値）＝$a$ ×（説明変数：$x$）＋$b$

　ビールの売上高を予測する場合は，当日 13 時の気温に対応する売上高
を回帰式から求めることになる．図 8.12 に記述してある回帰直線 $y$＝

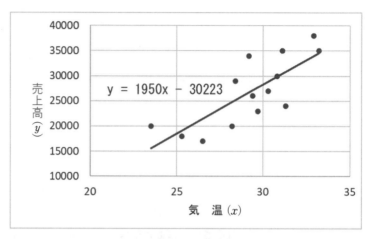

図 8.12　回帰直線

1950 $x$−30223 の $x$ に気温の 32 度を代入すると，$y$＝1950×32−30223 ＝32023 となる．したがって，13 時の気温が 32℃であれば，ビールの売上高は，およそ 32000 円と予測できる．

　実際には，目的変数（ビールの売上高）が単一の説明変数（13 時の気温）のみで決まることは少ない．この場合では，降水量や湿度が影響するかもしれない．このため，複数の説明変数から予測することになる．単一の目的変数を使用する場合を単回帰分析，複数の目的関数を使用する場合を重回帰分析という．また，目的変数は説明変数で予測しきれるものでなく，残差が生じることになる．

## 8.7　情報デザイン

　情報を正確に伝えるためには，作成する資料のわかりやすさを高める必要がある．読みやすさやわかりやすさを実現するためには，数値データのグラフ表現や情報の図解など，情報をデザインすることになる．

　これまで説明してきたように，グラフ表現を用いると数値データを視覚的にわかりやすく表現できる．

　また，問題を見つけ，解決策を検討し，結論を導く，というプロセスや，データを収集し，多角的に分析し，結論を導く，というプロセスにおいては，複数の要因が組み合わさっている．このような場合，全体像を明らかにするためは，全体をいくつかのブロックに分け，組み合わせていく必要がある．大量のデータを相手にすると，このような状況にたびたび遭遇する．ここでは，**情報デザイン**の一つである図解を用いた方

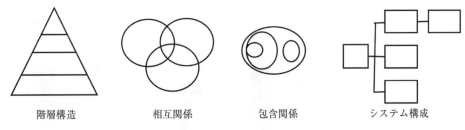

図8.13 情報デザインにおける図解パターンの

法について説明する．具体的には，**図8.13**に示す階層構造，相互関係，包含関係，システム構成を表現する基本的なパターンについて説明する．

　**階層関係**：階層関係の表現にはピラミッド型パターンがある．ピラミッド型パターンでは，上に行くほど上位の概念や重要な階層となる．

　**相互関係**：相互関係を表現するパターンにはベン図がある．複数の要素の共通部分・排他部分の表現に便利である．

　**包含関係**：項目間の包含関係を表現する場合は，円や楕円を用いたパターンを利用する．

　**システム構成**：システムや概念の構成を表現した場合は，円や長方形をつないで，互いの関係を表現したパターンを利用する．

## 8.8　不適切なグラフ表現

　データは，数字，表，グラフなどさまざまな形式で示される．データのグラフ表現では，目的に応じて取捨選択されたデータを俯瞰的にとらえることができる．一方で，見せるデータは正しくとも，見せる部分を意図的に選択し，都合のよい主張を正当化している場合もある．そこで，データを正しく利活用するために，避けなければならない**不適切なグラフ表現**について，いくつか紹介する．

### 8.8.1　原点に注意

　グラフ表現は，コミュニケーションツールのひとつである．このため，多くの人々は，使用するグラフに応じて共通した暗黙の理解を有している．たとえば，棒グラフは，大小を比較するグラフである．そして，グラフの高さが2倍になれば，実際の値も2倍であると，説明を受ける前から考えている傾向がある．このため，棒グラフを使用するに当

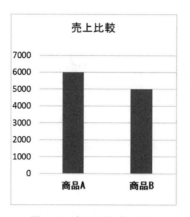

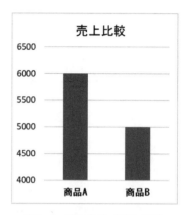

図 8.14　売上比較（原点 0）　　　　　　図 8.15　売上比較（原点 4000）

たり，途中を省略する表現は避けなければならない．

　図 8.14 と図 8.15 は，同一のデータを棒グラフにしたものである．原点を 0 にした通常のグラフ表現である図 8.14 から，商品 A の売上げが商品 B の売上げより多いことがわかる．図 8.15 でも，商品 A の売上げが多いことがわかる．しかし，図 8.15 では，商品 A の売上げの多さを強調するために，グラフの原点を 4000 にしている．この結果，商品 B の売上げが商品 A の 2 倍近くあるような誤解を招く可能性がある．図 8.14 では，2 倍とは受け取らない．このように，**グラフの原点**の取り扱いに注意し，図 8.15 のようなグラフ表現は，避けなければならない．

### 8.8.2　シンプソンのパラドックス

　データ処理を行っていると，全体における関係と分割した部分の関係が異なる場合がある．試験結果を例にして説明する．ある高校の 2 年生 84 名の試験結果を**表 8.3**，**表 8.4** にまとめた．A 組，B 組どちらも 42 人学級であり，いずれのクラスも男子が女子の平均点を上回った．しかし，学年全体の平均点では，女子が男子を上回った．これは，両クラスの男女の人数の影響である．**表 8.5** に示すように B 組は女子の数が圧倒的に多い．このことが学年全体の平均点の計算に影響して，クラス毎の男女の比較結果と学年での男女の比較結果が矛盾するような結果になってしまった．

　このことを考えるために，少し数式で考える．（式 8.1）は A 組の男女別の平均点の関係を表し，（式 8.2）は B 組の男女別の平均点の関係を表す．

**表 8.3　合計点の比較**

|  | A組 | B組 | 計 |
|---|---|---|---|
| 男 | 1325 | 279 | 1604 |
| 女 | 1285 | 2580 | 3865 |
| 計 | 2610 | 2859 | 5469 |

**表 8.4　平均点の比較**

|  | A組 | B組 | 計 |
|---|---|---|---|
| 男 | 63.1 | 69.8 | 64.2 |
| 女 | 61.2 | 67.9 | 65.5 |
| 計 | 62.1 | 68.1 | 65.1 |

**表 8.5　男女別人数**

|  | A組 | B組 | 計 |
|---|---|---|---|
| 男 | 21 | 4 | 25 |
| 女 | 21 | 38 | 59 |
| 計 | 42 | 42 | 84 |

$$\frac{\text{A組男子の得点合計}}{\text{A組の男子生徒数}} > \frac{\text{A組女子の得点合計}}{\text{A組の女子生徒数}} \qquad (式 8.1)$$

$$\frac{\text{B組男子の得点合計}}{\text{B組の男子生徒数}} > \frac{\text{B組女子の得点合計}}{\text{B組の女子生徒数}} \qquad (式 8.2)$$

$$\frac{\text{A組とB組の男子得点合計}}{\text{A組とB組の男子生徒総数}} > \frac{\text{A組とB組の女子得点合計}}{\text{A組とB組の女子生徒総数}} \qquad (式 8.3)$$

平均点の計算
A組男子の平均点は，表8.3 A組男子の合計点1325点と表8.5 A組男子の人数21人から，1325÷21＝63.1と計算できる．

（式 8.1），（式 8.2）が成立していても，（式 8.3）が成立するとは限らない．いい換えると，「母集団全体における関係と，母集団を分割した集団の関係は，一致しない」となる．これは，**シンプソンのパラドックス**として，よく知られている．シンプソンのパラドックスは，**第3の要因**が存在することで生じる．この場合は，表8.4の性別である．データを読み取る場合は，このような要因の存在に気を付けなければならない．

**練 習 問 題**

**8.1**　次の文章中の（）に入る適切な語句を記述しなさい．
データの分布の状態を表すデータ表現方式で，長方形の面積によって，その階級の度数を表すものを（①）という．また，四分位数はデータを大きさの順に並び替えて25％ずつに区分する値であり，最も小さい四分位数が（②）四分位数である．このため，中央値は，（③）四分位数と同一の値となる．

**8.2**　次の文章中の（）に入る適切な語句を記述しなさい．
平均値などの値が異なる複数のデータを比較する場合は，標準化と呼ばれる処理をして統一した基準で比較するとよい．たとえば，平均値と標準偏

差が異なる英語と数学の試験結果を比較するとき，観測値と平均値の差を標準偏差で割った値である（①）を用いることがある．この値は，観測値が平均点と等しければ，（②）であり，観測値が平均値＋標準偏差の価と等しければ，（③）になる．

8.3　次の文章中の（）に入る適切な語句を記述しなさい．

一方の変数の値から他方の変数の値を予測するために，2 つの変数の関係を数式で表現するものが（①）である．これは，2 変数の関係を分析し，予測に活用できる．この分析では，一方の変数（②）の値が決まると他方の変数（③）の値が決まる関係にある 2 変数を対象に行う．つまり，この分析は一方向性の関係を分析するものである．

実際には，（③）が単一の（②）のみで決まることは少ない．このため，複数の（②）から予測することになる．そして，複数の（②）を使用する場合を（④）という．

8.4　以下のことを平均点を求めることで確認しなさい．

① 本文 127 ページの（式 8.1），（式 8.2）は，表 8.3，表 8.5 のデータで成立する．

② しかしながら，（式 8.3）は成立せず，女子全体の平均点は男子全体の平均点を上回る．

〔参考文献〕

[1] 北川源四郎，竹村彰通：教養としてのデータサイエンス，講談社，2021

[2] 河口洋行：文系のための統計学入門，日本評論社，2021

[3] 松田稔樹，萩生田伸子：問題解決のためのデータサイエンス入門，実教出版，2021

[4] 佐々木弾：知識ゼロでも楽しく読める！統計学のしくみ，西東社，2021

[5] 上藤一郎，西川浩昭，朝倉真粧美，森本栄一：データサイエンス入門，オーム社，2018

[6] 小林雄一郎：R によるやさしいテキストマイニング［活用事例編］，オーム社，2018

[7] 日本統計学会：統計検定 3 級対応 データの分析，東京書籍，2012

[8] 柴山盛生，遠山紘司：問題解決の進め方，NHK 出版，2012

[9] 熊原啓作，渡辺美智子：改訂版 身近な統計学，NHK 出版，2012

[10] 豊田修一，星山佳治，宮崎有紀子：看護師・保健師をめざす人のやさしい統計処理，実教出版，2020

[11] 豊田修一：データ視覚化における作り手と受け手，神奈川工科大学教職教育センター年報，第 5 巻，2021

<table>
<tr><td>**9**</td><td></td></tr>
</table>

# データを処理する

この章では，いくつかのデータ処理を経験する．具体的には，度数分布表，ヒストグラム，散布図，折れ線グラフなどを作成してみる．表計算ソフトウェアである Excel の利用法についても，必要に応じて説明する．また，公的データ入手や，データ流通形式である csv ファイルや JSON ファイルについても学ぶ．

## 9.1　チョコレート売上分析（度数分布表）

ここでは，表計算ソフトウェアを使用したデータ処理の例としてチョコレート売上分析を説明する．

**表9.1** は，バレンタインデー向けチョコレートの売上データを度数分布表にまとめたものである．この集計結果から，Excel を利用して，累積度数，相対度数，相対累積度数を求めたものが **図9.1** である．最初に，データとして度数分布（C 列）を入力する．次に，累積度数，相対

**表9.1**　チョコレートの売上データ[⊕]

| | 度数 |
|---|---|
| 200〜1000 円未満 | 200 |
| 1000〜2000 円未満 | 340 |
| 2000〜3000 円未満 | 140 |
| 3000〜4000 円未満 | 80 |
| 4000〜5000 円未満 | 40 |
| 計 | 800 |

| | A | B | C | D | E | F | G |
|---|---|---|---|---|---|---|---|
| 1 | | | | | | | |
| 2 | | | 度数 | 累積度数 | 相対度数 | 累積相対度数 | |
| 3 | | 200〜1000円 | 200 | 200 | 0.250 | 0.250 | |
| 4 | | 1000〜2000円 | 340 | 540 | 0.425 | 0.675 | |
| 5 | | 2000〜3000円 | 140 | 680 | 0.175 | 0.850 | |
| 6 | | 3000〜4000円 | 80 | 760 | 0.100 | 0.950 | |
| 7 | | 4000〜5000円 | 40 | 800 | 0.050 | 1.000 | |
| 8 | | 計 | 800 | | | | |
| 9 | | | | | | | |

**図9.1** 累積度数，相対度数，累積相対度数の計算 ［⊕］
（各区間の上端の数は，その階級に属さない）

度数，累積相対度数の計算式を入力する．ここでは，Excel のオート
フィル機能や絶対参照機能を積極的に利用してみる．

　まず，累積度数を求める．**累積度数**は，その階級までの度数の総数で
ある．たとえば，**図9.1** セル D5 の値は，2000 円〜3000 円未満の階級
までの累積度数であり，C3＋C4＋C5 で求めることができる．また，
2000 円〜3000 円未満の階級までの累積度数は，1000〜2000 円未満まで
の階級の累積度数に 2000〜3000 円未満の階級の度数を加えたもの，
D4＋C5 でもある．Excel の**相対参照**機能を使うと，セル D5 に，
＝D4＋C5 と記入して，この階級までの累積度数を求めておけば，Excel
のオートフィル機能で，セル D5 を D6，D7 にコピーすることで，それ
ぞれの累積度数を求めることができる．具体的には，セル D6 には，
＝D5＋C6 とセル番地は自動的にずれてコピーされる．

**オートフィル**
連続した数値・日付などの
連続したデータや連続して
入力されている数式をコ
ピーする機能．参照先も自
動的に変更する．

　**相対度数**は，当該階級の度数が度数全体に対してどの程度占めるかを
表す数値であり，度数／総度数で求める．たとえば，セル E4 の値は，
1000 円〜2000 円未満の階級の相対度数であり，C4/C8 で求めることが
できる．つまり，セル E4 に ＝C4/C8 と記述すると，E4 では，1000 円〜
2000 円未満の階級の度数を総度数で除算して，0.425 が求まる．しか
し，オートフィル機能を利用して，E4 を E5 にコピーすると，＝C5/C9
とコピーされて，2000 円〜3000 円未満の階級の相対度数を求めること
ができない．このため，セル E4 には，＝C4/C$8 と**絶対参照**を利用し
た記述にする．このような記述をして，オートフィル機能を利用して，
E4 を E5 にコピーすると，＝C5/C$8 とコピーされて，2000 円〜3000
円未満の階級の相対度数を求めることができる．

**相対参照**
**1.2.2 参照**

**絶対参照**
**1.2.2 参照**

　**累積相対度数**は，当該階級の累積度数が度数全体に対してどの程度占

めるかを表す数値であり，累積度数/総度数で求める．たとえば，セル
F4 の値は，1000 円以上 2000 円未満の階級の累積相対度数であり，
D4/C8 で求めることができる．しかしながら，ここでもオートフィル
機能を利用することを前提に，セル F4 には，=D4/C\$8 と絶対参照を
利用した記述にする．そして，オートフィル操作を利用して，F4 を F5
にコピーすると，=D5/C\$8 とコピーされて，2000 円以上 3000 円未満
の階級の累積相対度数を求めることができる．

　以上のように，Excel では，式をコピーする場合，セル番地が自動的
にずれていく相対参照と，参照領域を特定の領域に固定しておく絶対参
照を使い分けることが重要である．絶対参照では，C\$8 のように，\$ を
固定したい行番号や列番号に付加する．この例では，総度数である分母
は，常に C8 に固定し，階級毎の度数である分子は C3〜C7 に変化して
欲しい．そこで，分母は絶対参照で C\$8 と記述し，分子に相対参照で
C3 と記述する．これを縦方向にオートフィル（コピー）すると，分母
の参照セルは固定されるが，分子の参照セルは変化して適切な値を求め
ることができる．具体的には，セル E3 からコピーされたセル E5 の式
は，=C3/C\$8 から =C5/C\$8 に変化する．

## 9.2　試験結果分析（ヒストグラムと散布図）

　ここでは，**図 9.2** に示す Excel に入力した「試験結果データ」を用い
て，データの特徴を数値で表すことを学習する．試験結果データは，学
生番号，性別，統計テスト得点，情報技術テスト得点から構成されてい
る．統計テストと情報技術テストは 30 点満点である．

　統計テスト得点や情報技術テスト得点のように値の大小を示す変数は
量的変数である．それらの分布状況を確認するために，**表 9.2** のような
度数分布表を作成し，次に，ヒストグラムを作成すると，**図 9.3，図
9.4** のようになる．統計テスト得点は，11 点〜15 点の区間に多くの
データが存在し，分布範囲も狭い．一方，情報技術テスト得点の分布範
囲は広いことがわかる．この傾向は，**図 9.5** 示す統計量と一致する．つ
まり，平均点はほぼ同一であるが，分布範囲の状況を表す標準偏差は，
明らかに情報技術の方が大きい．また，**図 9.6** は，統計の得点と情報技
術の得点の関係を表す散布図である．この散布図から，両者には，正の
相関があることがわかる．相関係数は，0.70 である．

　なお，図 9.5 のセルに記述した Excel の主な計算式を以下に示す．

ヒストグラム
**7.4.2 参照**

標準偏差
**7.5 参照**

相関係数
**7.7.2 参照**

| ▲ | A | B | C | D | E |
|---|---|---|---|---|---|
| 1 | | 学生番号 | 性別 | 統計 | 情報技術 |
| 2 | | 101 | 男 | 7 | 7 |
| 3 | | 102 | 女 | 6 | 6 |
| 4 | | 103 | 男 | 19 | 12 |
| 5 | | 104 | 女 | 21 | 21 |
| 6 | | 105 | 男 | 9 | 7 |
| 7 | | 106 | 男 | 8 | 4 |
| 8 | | 107 | 女 | 19 | 27 |
| 9 | | 108 | 男 | 19 | 17 |
| 10 | | 109 | 女 | 22 | 30 |
| 11 | | 110 | 女 | 18 | 12 |
| 12 | | 111 | 男 | 16 | 13 |
| 13 | | 112 | 男 | 22 | 25 |
| 14 | | 113 | 女 | 14 | 11 |
| 15 | | 114 | 男 | 12 | 16 |
| 16 | | 115 | 男 | 11 | 9 |
| 17 | | 116 | 女 | 18 | 13 |
| 18 | | 117 | 男 | 15 | 14 |
| 19 | | 118 | 女 | 11 | 14 |
| 20 | | 119 | 男 | 15 | 10 |
| 21 | | 120 | 女 | 13 | 19 |
| 22 | | 121 | 男 | 9 | 19 |
| 23 | | 122 | 女 | 15 | 13 |
| 24 | | 123 | 男 | 13 | 10 |
| 25 | | 124 | 男 | 11 | 9 |
| 26 | | 125 | 男 | 15 | 22 |
| 27 | | | | | |

図 9.2　試験結果データ ［⊕］

表 9.2　試験結果の度数分布表 ［⊕］

| | 統計 | 情報技術 |
|---|---|---|
| 0〜5 | 0 | 1 |
| 6〜10 | 5 | 7 |
| 11〜15 | 11 | 8 |
| 16〜20 | 6 | 4 |
| 21〜25 | 3 | 3 |
| 26〜30 | 0 | 2 |

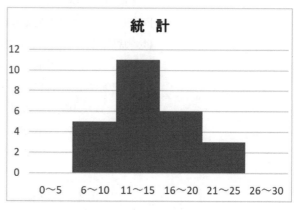

図 9.3　統計テスト得点のヒストグラム

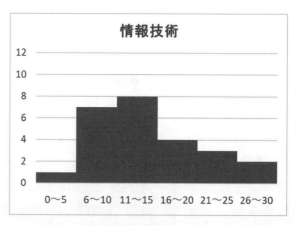

図 9.4　情報技術テスト得点のヒストグラム

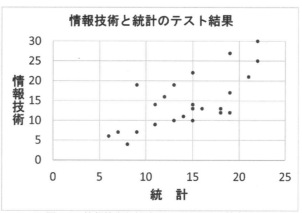

図9.5 テスト得点の統計量

| | 統計 | 情報技術 |
|---|---|---|
| 平均値 | 14.3 | 14.4 |
| 標準偏差 | 4.6 | 6.6 |
| 最大値 | 22 | 30 |
| 最小値 | 6 | 4 |
| 相関係数 | 0.704 | |

図9.6 情報技術と統計のテスト結果の散布図

AVERAGE 関数
**7.3 参照**
STDEV.P 関数
**7.5 参照**
MAX 関数
**8.3 参照**
CORREL 関数
**7.7 参照**

| 統計の平均値 | セル D29 | ＝AVERAGE(D2：D26) |
| 統計の標準偏差 | セル D30 | ＝STDEV.P(D2：D26) |
| 情報技術の最大値 | セル E31 | ＝MAX(E2：E26) |
| 相関係数 | セル D33 | ＝CORREL(D2：D26，E2：E26) |

## 9.3 新型コロナウイルス新規感染者数分析（時系列データ）

　時間とともに変化する量を繰り返し測定・観測し，時間順に並べたデータを**時系列データ**という．時系列データの代表的なものには，平均気温のデータがある．感染症の患者数の推移も時系列データになる．

　厚生労働省の「データからわかる新型コロナウイルス感染者情報」から，栃木県の新型コロナウイルス新規感染者数を入手し，2022 年 11 月

厚生労働省：データからわかる新型コロナウイルス感染者情報
https://covid19.mhlw.go.jp/extensions/public/index.html

分をグラフに表すと**図9.7**の実線になる．これから，新規感染者数は周
期的に（1週間を単位として）変化していることがわかる．しかしなが
ら，日々の変化が大きいため，月間の傾向は見えにくい．そこで，細か
な変動や**季節要因**を取り除いた変動の傾向を明らかにするために，移動
平均法を用いて値を平準化することがある．**移動平均法**は，一定期間の
観測値の平均値をその期間の代表値とする方法である．**図9.8**は，日々
の感染者数から移動平均を求めたExcel画面である．7日間移動平均は
該当日を含む過去7日分から求めている．たとえば，セルC21の11月
13日の移動平均値は，11月7日から11月13日の感染者数の平均であ
り，式としては，＝AVERAGE(B15:B21)となる．この移動平均の推移
をグラフに描くと，図9.7の破線になる．これから，栃木県のこの1ヶ
月の傾向は，徐々に増加している傾向にあることがわかる．

**季節要因**
季節ごとに繰り返される変化

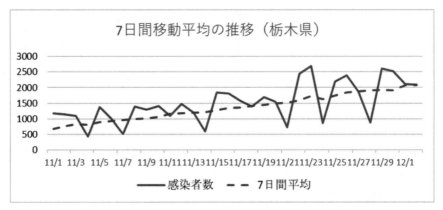

**図9.7**　新規感染者数の移動平均の推移（2022年12月の7日間平均）

| | A | B | C |
|---|---|---|---|
| 1 | 年月日 | 感染者数 | 7日間平均 |
| 15 | 11/7 | 514 | 964 |
| 16 | 11/8 | 1392 | 995 |
| 17 | 11/9 | 1289 | 1016 |
| 18 | 11/10 | 1414 | 1062 |
| 19 | 11/11 | 1087 | 1155 |
| 20 | 11/12 | 1477 | 1170 |
| 21 | 11/13 | 1195 | 1195 |

**図9.8**　新規感染者数と移動平均の値　[⊕]

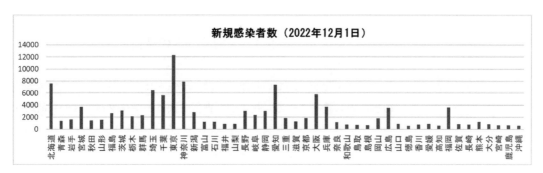

図 9.9　都道府県毎の新規感染者数（12 月 1 日）

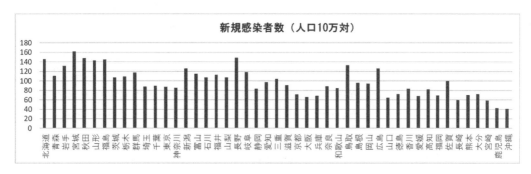

図 9.10　都道府県の新規感染者数（人口 10 万対）（2022 年 12 月 1 日）

　また，都道府県毎の 12 月 1 日の新規感染者数を棒グラフに表すと，**図 9.9** のようになる．このグラフから，この日の感染者数は，東京都が圧倒的に多く，次に多いのが北海道，神奈川，愛知などであることがわかる．しかしながら，東京，神奈川，愛知などは，それぞれの都県の人口が多い地域でもある．

　そこで，都道府県の人口を加味して，人口 10 万人当たりの数値を求めてグラフ化すると，**図 9.10** のようになる．この数値（**人口 10 万対**）は，人口が異なる地域間で患者数などを比較するときに用いる数値である．このグラフから，10 万人当たりの感染者数は，宮城，秋田，北海道，長野などが多いことがわかる．このように，地域間で母数に差があるようなデータを扱う場合は，人口 10 万対に調整した数値を使うことがある．

人口 10 万対
人口 10 万人の人口集団の中での発生率．人口 10 万人当たり何人いるかを表す．

**9.4　公的データの獲得**

　デジタル化が進んでいる現在では，データはさまざまな手段で，多くの場所から獲得できる．代表的な獲得方法は，データベースから組織化されているデータを獲得，表形式（Excel データ）にまとめられているデータを獲得，ネットワークを経由して Web からスクライブしてデータを獲得，センサ（IoT デバイス）からデータを獲得などがある．

　データの獲得においては，データの形式や属性の確認を行う必要がある．データ形式の分類の一つに，構造化データか非構造化データかの分類がある．データベースから入手した場合は，テーブル単位に構造化されている．Excel ベースの場合は，多くの場合，構造化されている．しかし，Web から入手した場合は，テキストベースの非構造化データのことが多い．注意しなければならないデータの属性の一つに守秘性がある．具体的には，個人情報が含まれるデータの場合は，匿名化に問題がないかなど個人情報が十分に保護されているかを確認する必要がある．

　また，データ項目の内容の記述も重要である．データベースや Excel ベースのデータを入手した場合は，フィールド名などからデータ項目の記述は可能である．また，Web から入手した場合では，適切な項目の記述をつける必要がある．

RESAS
**12.3 参照**

　インターネット上には，有用な情報が多く存在する．データを入手したい際には，便利な環境である．具体的なデータソースとして，政府の統計窓口である e-Stat や，官民のビッグデータ提供システムである地域経済分析システム RESAS がある．

### 9.4.1　e-Stat

政府統計の総合窓口
e-Stat
https://www.e-stat.go.jp/

　日本の政府統計に関する情報のワンストップサービスを実現することを目指した政府統計の総合窓口が e-Stat である（図 9.11）．社会の情報基盤である統計結果を誰でも利用しやすいかたちで提供することを目指し，各府省等が登録した統計表ファイル，統計データ，調査票項目情報，統計分類等の各種統計関係情報を提供している．このポータルサイトでは，主要な統計（基幹統計は，統計・調査名）をクリックすると，一覧が表示される．基幹統計は，統計法により定められた，国勢調査によって作成される国勢統計，国民経済計算（SNA）などの行政機関が作成する重要な統計である．政府統計全体から探す場合は，府省名をク

**図 9.11** 政府統計の総合窓口 e-Stat の画面

リックすると，所管の政府統計（調査結果）の一覧が表示される．利用
したいデータは，CSV 形式などでダウンロードすることができる．

　個人や組織が，自らの業務，調査，研究などの目的で集めたデータを
1 次データと呼ぶ．競合他社が有しないデータであるため，管理，利用
には十分な注意を払う必要がある．一方，官公庁や国の研究機関が公表
しているデータや，気象庁が公表している気象データは，2 次データと
呼ぶ．簡単にいうと，内部データが1 次データであり，外部データが2
次データである．

### 9.4.2　ファイル形式

　データをインターネット空間からダウンロードするとき，よく目にす
るのが CSV ファイルや JSON ファイルである．CSV（comma sepa-
rated values）ファイルは，値や項目をカンマ（,）で区切って書いたテ
キストベースのファイル形式である．JSON（JavaScript Object
Notation）ファイルは，JavaScript のオブジェクト構文に基づいてお
り，構造化データを表現するためのテキストベースの形式である．基本
データ型（文字列，数値，配列，論理型やその他のリテラル型）を使う
ことができ，階層的にデータを構成することができる．

## 練 習 問 題

**9.1** 適切な語句を記入しなさい.

度数分布表において，（①）は，その階級までの度数の総数である．（②）は，当該階級の度数が度数全体に対してどの程度占めるかを表す数値であり，度数/総度数で求める．（③）は，当該階級の累積度数が度数全体に対してどの程度占めるかを表す数値であり，累積度数/（④）で求める.

**9.2** 適切な語句を記入しなさい.

時間とともに変化する量を繰り返し測定・観測し，時間順に並べたデータを（①）データという．（①）データの代表的なものには，平均気温のデータがある．（②）は，一定期間の観測値の平均値をその期間の代表値とする方法である．（②）は，細かな変動や季節要因を取り除いて変動の傾向を明らかにすることが目的である.

**9.3** 適切な語句を記入しなさい.

政府統計に関する情報のワンストップサービスを実現することを目指した政府統計の総合窓口が（①）である．このポータルサイトでは，主要な統計（基幹統計は，統計・調査名）をクリックすると，一覧が表示される．また，データをダウンロードするとき，よく目にするのが（②）ファイルである．これは，値や項目をカンマ（,）で区切って書いた（③）データファイル形式である．（②）ファイルは，データ交換に便利なファイル形式である.

**9.4** 下の度数分布表を完成させてください．次に，所有クレジットカード枚数の平均を求めよ.

| 所有しているクレジットカードの枚数 | 人数 | 相対度数 | 累積度数 |
|---|---|---|---|
| 1枚 | 3 | | |
| 2枚 | 6 | | |
| 3枚 | 7 | | |
| 4枚 | 3 | | |
| 6枚 | 1 | | |

〔**参考文献**〕

[1] 北川源四郎, 竹村彰通：教養としてのデータサイエンス, 講談社, 2021
[2] 河口洋行：文系のための統計学入門, 日本評論社, 2021
[3] 佐々木弾：知識ゼロでも楽しく読める！統計学のしくみ, 西東社, 2021
[4] 豊田修一, 星山佳治, 宮崎有紀子：看護師・保健師をめざす人のやさし

い統計処理, 実教出版, 2020

[5] 上藤一郎, 西川浩昭, 朝倉真粧美, 森本栄一：データサイエンス入門, オーム社, 2018

[6] 小林雄一郎：R によるやさしいテキストマイニング［活用事例編］オーム社, 2018

[7] 日本統計学会：統計検定 3 級対応 データの分析, 東京書籍, 2012

[8] 柴山盛生, 遠山紘司：問題解決の進め方, NHK 出版, 2012

[9] 熊原啓作, 渡辺美智子：改訂版 身近な統計学, NHK 出版, 2012

[10] 豊田修一：データ視覚化における作り手と受け手, 神奈川工科大学教職教育センター年報, 第 5 巻, 2021

# part 4 データ・AI の利活用
~データは新しい資源に~

　このパートでは，社会におけるデータや AI の利活用を 4 つ
の分野から学ぶ．企業が利用する情報システムにおける新しい
サービスの利用，企業が収集したデータの経営への利用，観光
とデータをつなぐ技術やサービス，そして，ヘルスケアにおけ
るデジタル化の 4 分野である．

　具体的には，電子商取引や販売管理，経営のためのデータ利
活用，観光データの視覚化や地域経済データ，医療費データの
収集・分析などにおけるデータ分析や AI の利活用について学
習する．

<table>
<tr><td>

**10**

</td><td>

# 企業における情報システムや
# AI の活用を知る

</td></tr>
</table>

　この章では，企業における情報システムや AI の活用について学ぶ．まず，デジタルトランスフォーメーション（DX）について解説し，DX の目標実現のためのデータサイエンスの役割を説明する．企業における情報システムのうち，販売時点情報管理システムにおけるデータや AI 利活用を紹介する．顧客と直接接点をもつことによって得られる e コマースのデータや，中小企業の e コマース活用事例についても紹介する．

## 10.1　企業における情報システムの変革

### 10.1.1　デジタルトランスフォーメーション（DX）

#### A　DX（Digital Transformation）への流れ

　企業における情報化は，コンピュータ技術の発達とインターネット技術の普及によって共に進化してきた．コンピュータが職場に導入され，紙媒体を中心とした情報が少しずつデジタル化されて記録されるようになった（**デジタイゼーション**）．次に，デジタル化された情報は，インターネット技術を利用して集められ，個別業務の範囲内で一連の流れとしてコンピュータ処理が行われるようになった（**デジタライゼーション**）．近年では，デジタル技術による組織全体の変革 [1] を意味する**デ**

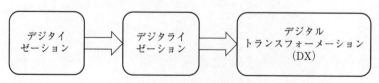

**図 10.1**　企業における DX への流れ

ジタルトランスフォーメーション（DX）が推進されている（**図 10.1**）.

### B　顧客との接点の拡張

DX は包括的概念であり，あらゆる分野でさまざまな解釈がなされている. ここでは，「顧客や機器とスマートフォンや IoT（Internet of Things）で直接接点をもつことにより顧客や社会の問題をデジタル技術で発見，解決することによる新たな価値創出」[1] を DX の目標とする.

従来は，個別業務の生産性向上を図るため，デジタル化された情報を効率よく処理する情報システムの構築が中心であった. しかし，e コマースの普及やスマホの利活用によって，Web ページの閲覧履歴や操作履歴などの顧客行動が高精度で大量に収集・蓄積・活用できるようになった. このような顧客との接点を拡張することによってデータをビジネスに利活用する**デジタルビジネス**が実現されている. そのための顧客の問題解決を目的とした情報システムが構築されている.

Web ページの閲覧履歴<br>**6.3.2 参照**

## 10.1.2　DX を推進するためのデータサイエンスの役割

### A　DX 実現のための手段

DX の目標を実現するため，企業は e コマースやスマホを介して顧客との直接的な接点をできるだけもつような工夫を行っている（**図 10.2**）. 顧客との接点を介してやりとりしたデータは，顧客行動としてリアルタイムに**ビッグデータ**として蓄積され続けている. このような仕組みが DX の目標実現のための一つの手段となっている. また，電子機器類は IoT によって直接接点をもつことができるようになっている.

ビッグデータ<br>**4.3 参照**

### B　データサイエンスの役割

e コマースやスマホなどを介して収集・蓄積された顧客個人のデータは，新たな価値創出のために利活用されている. 顧客個人の問題解決を目的とするならば，データサイエンスは有効で強力なツールとなりうる. たとえば，**5 章**でも説明したように，顧客のスマホの利用履歴から，**人工知能（AI）**を利活用することによって興味や関心を分析し，欲しいと思う商品を提案したり，趣味や嗜好を予測し，聴きたい音楽を推薦したりすることができるようになっている.

人工知能（AI）<br>**4.2 参照**

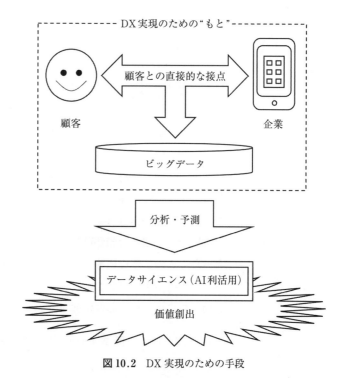

**図 10.2　DX 実現のための手段**

## 10.2　データや AI を活用する販売時点情報管理システム

### 10.2.1　販売時点情報管理（POS）システム

#### A　POS（Point of Sales）システム

スーパーやコンビニエンスストアでは**販売時点情報管理システム**（**POS システム**）が利用され，「いつ，どこで，何を，いくらで，何個」買ったのか，といった販売データが大量に蓄積されている（図 10.3）．最近では，ポイントカードやスマホのアプリを利用することで「誰が」買ったのかを特定し，販売情報に顧客情報を紐づけて分析できるようになっている．

#### B　スマートレジ（AI レジ）

POS システムに**画像認識技術**などを搭載した**スマートレジ**が利用されている．事前に商品の画像を学習させておくことによって画像認識し，商品情報から「商品名，単価」などを取得することができる（図10.4）．

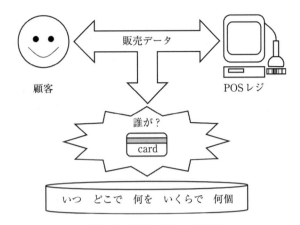

**図 10.3** POS システムの利用

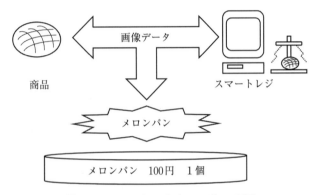

**図 10.4** スマートレジ（AI レジ）の利用

### 10.2.2 データや AI の利活用

#### A 販売データの活用

構造化データ
1.1.3 参照

販売データは表（テーブル）にまとめられた**構造化データ**であり，4章で説明した**アソシエーション分析**などを実施することができる.「この商品を買った人はこの商品も買っています」といった**連関規則**を発見できる（**図 10.5**）.

#### B 商品データの活用

非構造化データ
1.1.3 参照

商品データのうち商品画像は**非構造化データ**であり，4 章で説明した**機械学習**などが実施される. 画像認識技術により，対象となる商品群の中から最も似ている商品の確率値を求め商品を認識することができる（**図 10.6**）.

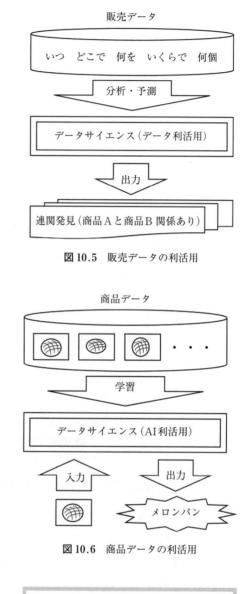

図 10.5　販売データの利活用

図 10.6　商品データの利活用

## 10.3　電子商取引（e コマース）

### 10.3.1　e コマース（Electronic Commerce）

#### A　e コマースの形態

　情報システムを用いた e コマースの形態は，企業と企業との間の電子商取引（BtoB），企業と消費者との間の電子商取引（BtoC），消費者と消費者との間の電子商取引（CtoC）に大きく分けられる（**表 10.1**）．

表10.1　e コマースの形態と内容

| 形態 | 内容 |
| --- | --- |
| B to B | 企業と企業間の電子商取引（Business to Business） |
| B to C | 企業と消費者間の電子商取引（Business to Consumer） |
| C to C | 消費者と消費者間の電子商取引（Consumer to Consumer） |

　企業が業務で利用する商品やサービスなどを企業向けに取引する形態は BtoB である．消費者がインターネットのショッピングサイトなどで商品やサービスを取引する形態は BtoC である．また，消費者が出品するオークションサイトやフリーマーケットなど消費者を対象として取引する形態は CtoC である．

### B　モバイルコマース

　最近では，モバイル機器の普及や無線通信技術の大容量・高速化によって，タブレットパソコンやスマホを活用した**モバイルコマース**と呼ばれる電子商取引が幅広く行われるようになっている（**図10.7**）．

　スマホにアプリをインストールすることによって **GPS 機能**から近隣の店舗を検索し，モバイルオーダーしておくことで手軽に商品を購入することができる．また，チケット購入だけでなく，チケット機能をもたせることによって，スマホ画面の2次元コードを入場口でスキャンすれば入場できる．ウォレット機能にクレジットカードを登録しておけば，モバイルアプリでの決済が手軽にできる．

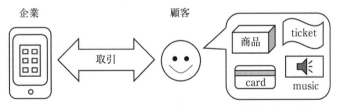

図10.7　モバイルコマース（M コマース）

### C　現実世界の店舗・e コマースの店舗で得られるデータ

　現実世界の店舗と e コマースの店舗での商品購入の流れを見てみよう（**図10.8**）．現実世界の店舗で商品を購入する際は，①お店に入り，②売場に行き，③商品を選び，④商品を買う段階で初めて POS システムにより「販売時点」での販売データ（POS データ）を得ることができる．

　e コマースの店舗では，Web サイトやアプリを介して顧客と直接接

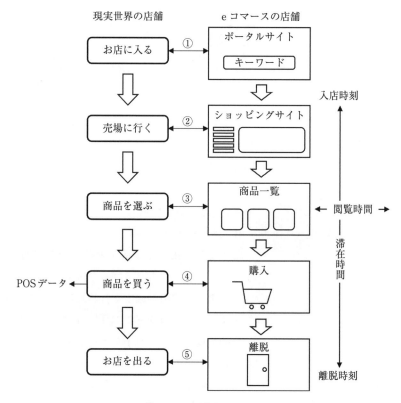

**図10.8　商品購入の流れ**

アクセス解析
**6.3.3 参照**

点をもつことができるため，「購入過程」のデータを詳細に知ることができる．たとえば，**アクセス解析**を実施することにより，①どんなキーワードで，もしくは，どんなリンクから入店してきたのかがわかる．また，②ショッピングサイトのどこから③の商品一覧にたどりついたのか，その動線を知ることもできる．③商品一覧ではどんな商品をどれくらい閲覧していたのか，閲覧時間がわかる．④商品を購入すれば購入履歴が残る．⑤離脱時刻がわかるため，入店時刻から商品を購入して離脱するまでの滞在時間を知ることもできる．このように，顧客と直接接点をもつことは，DX の目標である顧客の問題発見，解決するための新たな価値創出には必要不可欠となる．

### 10.3.2　中小企業のeコマース活用事例

#### A　菓子製造業の事例

菓子製造業は，原材料を仕入れ，加工，包装し，箱詰めして出荷する．卸売業や小売業を経て商品が消費者の手に届くまでには2週間程度

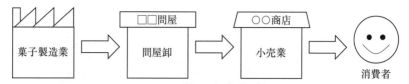

図 10.9　菓子製造業と消費者との関係

を要する．もし，小売業であるスーパーやコンビニエンスストアで取り
扱いがなければ商品を購入することができない．菓子などの加工食品の
製造業者と消費者が直接接点をもつことは一般に難しいとされる（**図
10.9**）．ここでは，e コマースの活用により顧客接点を拡張して販路を
拡大し，データ活用を進める中小企業の菓子製造業[2] を紹介する．

**B　e コマース活用の必然性**

① 販路拡大と顧客の声（**VoC**：Voice of Customer）によるデータ
　　活用

　e コマースを活用することによって時間と場所を気にすることなく販
路を拡大することができる（**図 10.10**）．また，大企業や中小企業に関
係なく消費者との接点を直接もち，商品の出荷時期をコントロールでき
る．これにより幅広い顧客の声を直接集めることができる．このような
顧客の声は**非構造化データ**として商品開発やサービスの向上に利用され
ている（**図 10.11**）．

② アクセス解析によるデータ活用

アクセスログ
**6.3.2 参照**

　**アクセスログ**を活用することによって e コマースのサイトにある豊富
なコンテンツをアクセス解析することができる．訪問者の興味を分析し

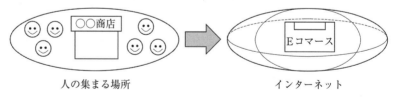

人の集まる場所　　　　　　　　　　　インターネット

図 10.10　販路拡大（人の集まる場所からインターネットへ）

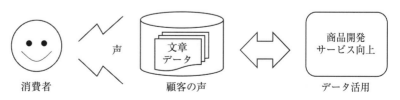

消費者　　　　　　顧客の声　　　　　　データ活用

図 10.11　顧客の声（VoC）によるデータ活用

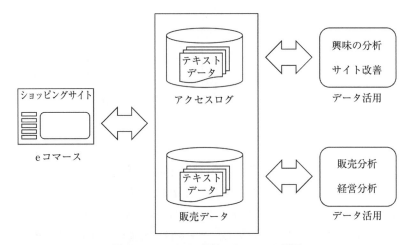

図 10.12　アクセス解析によるデータ活用

たり，サイトの改善に役立てたりすることができる．ショッピングカートを利用した販売データを分析することによって効率的な経営を実施することができる（**図 10.12**）．

### C　e コマースと情報公開

e コマースには，ショッピングモールに出店する方法と，自社ドメインを取得してインターネットショップを運営する方法がある．ショッピングモールに出店する場合は，多くの集客を期待することはできる．しかし，公開できる情報には限りがある．自社ドメインでショップを運営すれば，運営上の手間はかかるが**表 10.2** に示すように詳細な情報を消費者に公開することができる．

① 　現在の販売商品

現在販売中の商品を時系列順に並べたり，優先順位を付けたりして表示することによって，おすすめ商品を消費者に動的にアピールできる．

② 　商品のお届け状況

商品のお届け状況を表示したり，更新したりすることによって，消費者を安心させることができる．

③ 　製造工程動画

商品ができあがるまでの動画を公開することによって，仕入れ，製造から出荷までの一連の流れをユーザ体験させることができる．

④ 　製造販売カレンダー（**図 10.13**）

製造販売カレンダーを公開することによって，欲しい商品の製造日を確認できるだけでなく「マイカレンダーにコピー」する設定をしておけ

ば，商品の注文を自分の Google カレンダーにリマインドしておくこと
ができる．メールによるリマインド機能を利用することによって，時間
差を活かした販売促進を行うことができる．

**表 10.2** インターネットショップでの情報公開例[2]

| 項目 | 内容 |
|---|---|
| ① 現在の販売商品 | 販売商品を直接購入できるショッピングカート |
| ② 商品のお届け状況 | 商品や製品の出荷情報の表示 |
| ③ 製造工程動画 | 商品や製品ができあがるまでの動画 |
| ④ 製造販売カレンダー | 販売する商品をカレンダー上に表示 |
| ⑤ 会員登録 | 会員登録による購入手続きの簡素化 |
| ⑥ 販売店のご案内 | 販売店の住所とホームページの紹介 |
| ⑦ 定期購入のお申込み | 定期購入による割引などの特典を明示 |
| ⑧ お客様の声 | お客様の声とお店からのコメント表示 |
| ⑨ 社長の声 | 社長による商品や製品のアピール |
| ⑩ Q & A | よくある質問と回答集 |

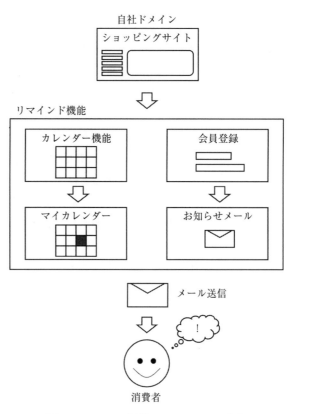

**図 10.13** メールを活用したリマインド機能

⑤　会員登録（**図 10.13**）

会員登録をすれば購入手続きを手軽に済ませることができるようになる．**オプトイン方式**で広告メールを消費者に送信できる機会が得られる．

⑥　販売店のご案内

販売店があれば販売商品を地理的に身近に感じられるようになる．

⑦　定期購入のお申込み

定期購入できるようにしておけば，割引や特典など消費者にとってメリットとなる情報を提供できる．

⑧　お客様の声

お客様の声だけでなくお店からのコメントを提示することによって，消費者に安心感や信頼感をもたせることができる．

⑨　社長の声

商品や製品に対する社長の熱意や思想をアピールすることができる．

⑩　Q & A

よくある質問と回答は消費者の不安を解消し，商品購入に対する安心感や信頼感をもたせることができる．

**D　菓子製造業が e コマースで成功するには**

菓子製造業が e コマースで成功する要因として次の 3 点が挙げられる．

①　優れた商品であること

素材や製造手法にこだわりがあること．優れた商品でなければ e コマースで成功することはできない．

②　消費者に届く到着時期と消費期間をコントロールできること

素材を仕入れ，製造し，消費者に届け，楽しんでもらう，といった一連のストーリーを想定し，一番おいしいとされる期間に消費されるよう配送する仕組みを構築する必要がある．

③　**ユーザエクスペリエンスを踏まえたサイト作りであること**

自社ドメインのインターネットショップは，商品を購入することよりも「商品が手元に届くまで」を楽しみに待てるようなユーザ体験を重視したサイトデザインにすることも大事なことである．

## 練 習 問 題

**10.1**　次の文章中の（）に入る適切な語句を記述しなさい．

企業における情報化は，コンピュータ技術の発達とインターネット技術の

普及によってともに進化してきた．コンピュータの導入により，紙媒体に記録されている情報をデジタル化する（①）が進められてきた．次に，デジタル化された情報を用いることによって業務をコンピュータ処理する（②）が行われてきた．近年では，組織全体にわたる業務のデジタル化である（③）が推進されている．（③）の目標として，顧客との接点を拡張することによって，データをビジネスに利活用する（④）が実現されている．顧客の問題解決を目的とするならば（⑤）の果たす役割は大きい．

**10.2**　次の文章中の（）に入る適切な語句を記述しなさい．

スーパーやコンビニエンスストアでは（①）システムによって，「いつ，どこで，何を，いくらで，何個」買ったのかといった販売データが大量に蓄積されるようになっている．このようなシステムに画像認識技術などを搭載して商品画像を認識して決済できる（②）も利用されるようになってきた．販売データは2次元の表にまとめることができるので（③）データである．商品を認識させるための商品画像は（④）データである．このような画像データを大量に使って（⑤）学習を行うことにより，商品画像の画像認識を行うことができるようになる．

**10.3**　次の文章中の（）に入る適切な語句を記述しなさい．

電子商取引（eコマース）の形態として，企業と企業との間の電子商取引を（①），企業と消費者との間の電子商取引を（②），消費者と消費者との間の電子商取引を（③）という．モバイル機器の普及や無線通信速度の高速化によって，タブレットやスマホを活用した（④）と呼ばれる電子商取引が行われるようになっている．スマホにアプリをインストールすることによって（⑤）を利用することで近隣の店舗を検索し，手軽にモバイルオーダーできるようになっている．

〔参考文献〕

[1] 青山幹雄，et al.：DX（デジタルトランスフォーメーション），第1部 DXとは何か，我が国の現状は？：1. DX（デジタルトランスフォーメーション）とは何か？-DXの現状と展望，情報処理技術の課題と機会．情報処理，61，11，e1-e7，2020

[2] できたてポテトチップの菊水堂，https://kikusui-do.jp/（令和5年7月3日閲覧）

[3] 菅坂玉美他：eビジネスの理論と応用，東京電機大学出版局，2003

[4] 北川源四郎他：教養としてのデータサイエンス，講談社，2022

<table>
<tr><td>**11**</td><td># ビッグデータを収集・蓄積・活用する</td></tr>
</table>

　この章では，Google フォームを使ってデータを生成・収集し，スプレッドシートに蓄積し，Looker Studio で活用する流れを説明する．まず，Google フォームを使ってデータを生成・収集する方法を説明する．次に，Google フォームで生成・送信されたデータが，スプレッドシートにリアルタイムで蓄積される様子を観察する．最後に，スプレッドシートを Looker Studio に接続してダッシュボード上で可視化して活用する方法を解説する．

## 11.1　ビッグデータの収集・蓄積・活用

人工知能（AI）<br>**4.2 参照**<br><br>ビッグデータ<br>**4.3 参照**

　**人工知能（AI）** を学習させ，精度を高めていくためには**ビッグデータ**の収集・蓄積・活用は欠かせない．一方，中小企業の実用的なデータ活用では，必ずしもビッグデータと呼ばれるほどのデータ量が必要になるとは限らない．小規模のデータであっても上手に収集・蓄積・活用することで，業務の効率化や意思決定に大いに役立てることができる（**図11.1**）．また，中小企業が将来的にビッグデータの利活用を考える際にも，小規模のデータを試験的に活用しながらその可能性を探ったうえでシステム導入を検討することも必要である．

　データが大量に集まる背景となった理由は，インターネットの普及に他ならない．インターネットにより素早くデータを収集し，インター

**図 11.1**　データの収集・蓄積・活用

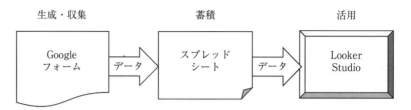

生成・収集　　　　　　　　蓄積　　　　　　　　活用

**図 11.2**　収集・蓄積・活用の一連の流れ

ネットのクラウドストレージ上にデータを大量に蓄積でき，インターネット上の BI（Business Intelligence）ツールなどを用いて可視化して活用できる．このつなぎ目のない一連の流れを構築しておくことで，小規模のデータであっても日々の運用により大規模なデータに育てていけることが容易に想像できる．ここでは，一連の流れを理解するため，Google フォームによりデータを生成・収集し，Google のスプレッドシートに自動的に蓄積される様子を観察し，Google の Looker Studio で可視化しながらデータを活用する流れを，実習を交えながら説明する（**図 11.2**）．

## 11.2　データの収集

データを生成する「きっかけ」とインターネットを結ぶことで，自動的にインターネットを介して大量のデータを収集できる仕組みを作ることができる．たとえば，子ども達が登下校の際に，正門のところにセンサーをつけたり，カードリーダーを設置したりしておくことでデータを生成するきっかけを仕掛けておくことができる．このきっかけとインターネットを結ぶことで，登下校時のデータをインターネット上に流すことができる．このように，データを自動収集する仕組みを作ることで，子ども達の見守りシステムが構築できる．センサーやカードリーダーといったモノとインターネットを結び付けることで IoT（Internet of Things：モノのインターネット）の仕組みが実現されている（**図 11.3**）．IoT は人手を介さずに，何らかのきっかけがあると常にデータをインターネット上に送り続けることができる．このようなことで自然とデータを大量に収集することができる．ここでは生成と収集について理解するために，Google フォームを活用しながら人手を介してその流れを見てみよう．

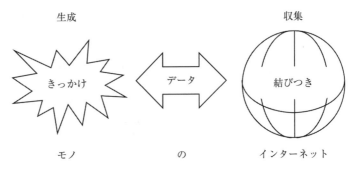

**図11.3** 「きっかけ」とインターネットの結び付き (IoT)

### 11.2.1 Google フォーム

Google フォームとは，アンケートを作成したり回答を収集したりすることができるサービスである．Google のアカウントがあれば，インターネット上で対話的にアンケートフォームが作成できるため，そのままオンラインでアンケートに回答してもらったり，電子メールでアンケートを送信して回答を返信してもらったりすることができる．アンケートの回答はリアルタイムでスプレッドシートに蓄積できる（**図11.4**）．

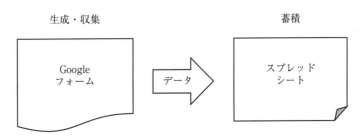

**図11.4** Google フォームからスプレッドシートへ

### 11.2.2 Google フォームによるデータの生成・収集

Google フォームは主にアンケートの作成と回答の収集に利用されている．アンケートに回答することはデータを生成する「きっかけ」となるため，ここでは，ある文具店における売上データを生成するきっかけとして活用してみる．たとえば，図1.12（**1章参照**）に示す「売上表」のデータを生成するためのフォームを**図11.5**のように作成してみよう．

【手順】

①　図11.5の売上データを生成するフォームを作成するため，「売上

**図 11.5**　文具店の売上データを生成するフォーム

**表 11.1**　売上表の入力規則と質問形式

| 項目 | 入力規則 | 質問形式 |
|------|---------|---------|
| 売上番号 | 4 桁の文字列（半角数字） | 記述式（必須） |
| 売上日 | 日付（○年○月○日） | 日付（必須） |
| 商品名 | 文字列（全角文字） | 記述式（必須） |
| 単価 | 数値（半角数字） | 記述式（必須） |
| 数量 | 数値（半角数字） | 記述式（必須） |

　　表の入力規則と質問形式」を**表 11.1** に示すように設計しておく.

② Google のアカウントでログインし，Web ブラウザの右上
　「Google アプリ」の中から「フォーム」を選択する.「新しい
　フォームを作成」から「空白」を選択する.

③ 「無題のフォーム」に「売上データ」,「フォームの説明」に「売

上データの報告」と入力する（**図11.5**）.

④　1つ目の「無題の質問」に「売上番号」と入力し，質問形式を「記述式」と選択し，回答を「必須」としておく.

⑤　2つ目の「質問」に「売上日」と入力し，質問形式を「日付」と選択し，回答を「必須」としておく（**図11.6**）.

⑥　3つ目から5つ目を表11.1に従ってすべて作成しておく.

**図11.6**　売上データを生成するフォームの作成

## 11.3　データの蓄積

売上データを Google フォームで生成・収集し，スプレッドシートで自動的に蓄積する流れを説明する（**図11.7**）.

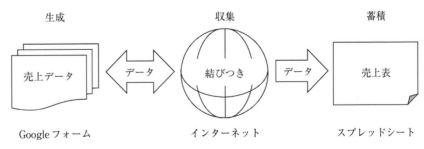

**図11.7**　売上データの生成・収集と蓄積

### 11.3.1　スプレッドシート（構造化データ）

スプレッドシートとは，Google のアカウントがあれば利用できるインターネット上の表計算ソフトウェアである．Google フォームの回答を収集してリアルタイムで蓄積でき，Google の Looker Studio のデータソースとしてそのまま接続することができる．

### 11.3.2　スプレッドシートによるデータの蓄積

文具店の売上データを生成する Google フォーム（図 11.5）をもとに，売上データをスプレッドシートに蓄積してみる．

【手順】

① Google フォームの「回答」をクリックした後「スプレッドシートにリンク」を選択する（**図 11.8**）．

② 「回答の送信先を選択」の「新しいスプレッドシートを作成」にファイル名「売上表」を入力し，「作成」をクリックする（図 11.8）．この操作によって Google フォームの回答が，スプレッドシートにリアルタイムで蓄積できるようになる．

1件1件のデータ入力
13 ページの図 1.12 のデータを入力する．
送信後「別の回答を送信」リンクを押す．

③ 「プレビュー」から 1 件 1 件のデータを入力して「送信」ボタンをクリックする．**図 11.9** に示すように，売上データを入力する

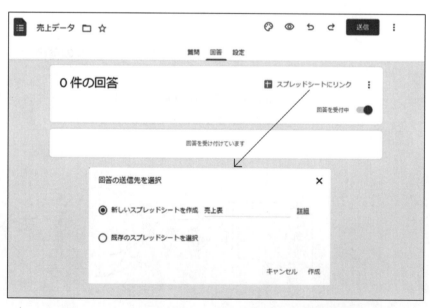

図11.8　Google フォームとスプレッドシートのリンク（結びつき）

**図 11.9** スプレッドシートに売上データが蓄積される様子

フォームの隣に売上表のスプレッドシートを表示させておくと，自動的（リアルタイム）に売上データが蓄積されていく様子を観察できる．

## 11.4 データの活用

スプレッドシートに蓄積されたデータを BI ツールである Google の Looker Studio に接続して活用する流れを説明する（**図 11.10**）．

### 11.4.1 Looker Studio

Google の Looker Studio は，スプレッドシートなどのあらゆるデータソースに簡単に接続できる（**図 11.11**）．たとえば，MySQL や

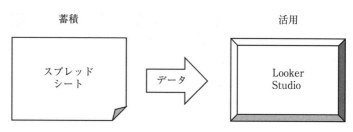

図 11.10　スプレッドシートから Looker Studio へ

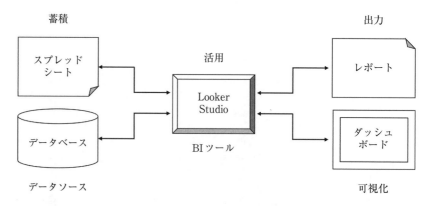

図 11.11　Looker Studio の活用

リレーショナルデータベース
1.2.3 参照

アクセス解析ツール
6.4 参照

Microsoft SQL Server などの**リレーショナルデータベース**，Google ア
ナリティクスなどの**アクセス解析ツール**が挙げられる．そのため，デー
タソースに分析対象となるデータがあれば，さまざまな角度から各種レ
ポートを簡単に出力することができる．また，ダッシュボードに表やグ
ラフなどを視覚的に表示したり，**フィルター**の機能を使って特定のデー
タの傾向だけを抽出して表示したりすることもできる．このように接続
されたデータソースをもとに，データを対話的に可視化して出力するこ
とができる．さらにダッシュボードは，仲間同士で共有したり，電子
メールでメンバーに送信したりすることもできる．メンバーはダッシュ
ボードのフィルターの機能を使って自分のデータを抽出し，視覚的にあ
らゆる角度から分析できるため，チーム内での共同作業を効率よく進め
ることができる．

### 11.4.2　Looker Studio によるデータの活用

　Looker Studio を使って，文具店の売上データを可視化してダッシュ
ボードに表示してみよう．

　【手順】

**図 11.12** Looker Studio

① Web ブラウザから Looker Studio のサイトにアクセスする（**図 11.12**）.

・Google のアカウントでログインする.

・URL「https：//lookerstudio.google.com/navigation/reporting」

② Looker Studio の左上「作成」ボタンから「データソース」をクリックし，「Google スプレッドシート」を選択する.

・アカウント設定では，基本情報（国，会社名）を選択・入力する.

③ 「Google Connectors （23）」で「Google スプレッドシート」を選択する.

・Looker Studio に Google スプレッドシートへのアクセス権を許可するため「承認」し，Google のアカウントを選択する.

④ 「Google スプレッドシート」の項目「スプレッドシート」から「売上表」，項目「ワークシート」から「フォームの回答 1」を選択し，右上「接続」をクリックする.

⑤ 表 11.1 で示した Google フォームの項目は，Looker Studio では**ディメンション**（項目）として**表 11.2** のように認識・表示され

**アカウント設定**
初回では「まず，アカウントの設定を完了します」の画面が出る.利用規約に同意する.

**表 11.2**　スプレッドシート（データソース）の取り扱い

| 項目 | Google フォーム | Looker Studio |
|---|---|---|
| 売上番号 | 4桁の文字列（半角数字） | テキスト |
| 売上日 | 日付（○年○月○日） | 日付 |
| 商品名 | 文字列（全角文字） | テキスト |
| 単価 | 数値（半角数字） | 数値 |
| 数量 | 数値（半角数字） | 数値 |
| タイムスタンプ | なし | 日時 |

　るので，確認した後に「レポートを作成」をクリックする．

⑥　「このレポートにデータを追加しようとしています」と表示され
　るので「レポートに追加」ボタンをクリックする．

⑦　左上「無題のレポート」を「売上表のダッシュボード」と入力す
　る．表を動かし，上部に「テキスト」や「折れ線」を追加し，好
　みに合わせてプロパティの値を設定・変更する（**図 11.13**）．

設定の表示
表を選択しておかないと表
示されない．

⑧　「設定」の項目にある「ディメンション」から「⊕ディメンショ
　ンを追加」をクリックして「売上日」「商品名」「数量」を追加す
　る．

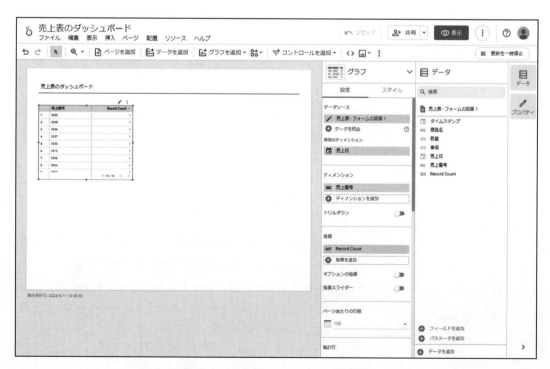

**図 11.13**　売上表のダッシュボードの編集

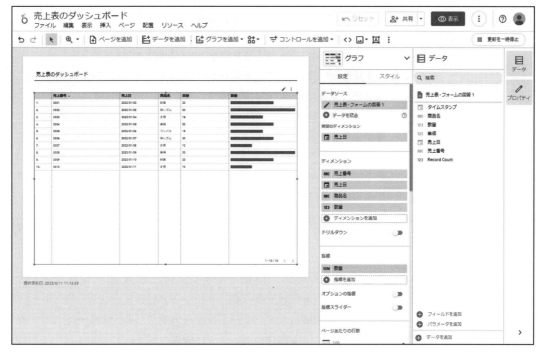

**図 11.14**　売上表のダッシュボード（棒付きデータ表）

⑨　「グラフ ∨」から「棒付きデータ表」を選択する．

⑩　表のまわりのハンドル（■）で，表の幅や高さを調整する．

⑪　「設定」の項目にある「指標」から「数量」，「並べ替え」から「売上番号」「昇順」を選択する．

⑫　**図 11.14** のように売上表のダッシュボード（棒付きデータ表）ができあがったら右上「表示」をクリックしてプレビューを確認する．

【運用】

①　Google フォームで新たなデータを入力して送信する．

②　スプレッドシートで蓄積されている様子を観察する．

③　Looker Studio でプレビューし，「詳細オプション」の「データを更新」をクリックしてデータが追加されていることを確認する．

　このように，Google フォームでデータを生成・収集し，スプレッドシートに蓄積したデータを Looker Studio に接続することによって，データ分析などに活用するダッシュボードを作成することができる．

## 練 習 問 題

**11.1**　次の文章中の（）に入る適切な語句を記述しなさい.

　人工知能を学習させ, 精度を高めていくためには大量のデータである（①）が必要である. データが大量に集まる背景となった理由には, 世界中のコンピュータを結ぶ（②）の普及がある. さらに（②）上には大量の情報を蓄積できる（③）の存在がある. このような大量の情報を保存するだけでなく, ビジネスにおける意思決定を支援する道具である（④）ツールと連携させることができる. このようなツールを利用することによってデータを可視化するための（⑤）を作ることができる.

**課題**

データの収集・蓄積・活用をアンケート調査により実習しなさい.

【手順】

①　データの生成と収集：Google フォームを使ってアンケートフォームを作成すること.

②　データの蓄積：アンケートフォームをスプレッドシートにリンクしてデータを蓄積できるようにすること.

③　データの活用：Looker Studio を使ってスプレッドシートに接続し, アンケート分析のためのダッシュボードを作成すること.

〔**参考文献**〕

[1] 渡部徹太郎：ビッグデータ分析, 技術評論社, 2021

[2] 北川源四郎他：教養としてのデータサイエンス, 講談社, 2022

<table>
<tr><td>**12**</td><td>観光をデータから見る</td></tr>
</table>

　この章では，観光をデータから読み解くための技術やサービスの紹介と，個人の行動履歴から得られるデータの利活用について学ぶ．まず，観光分野における情報化によって実現された観光や旅行支援について見てみる．スマホの普及によって，個人の行動履歴がビッグデータとして蓄積され，位置情報サービスに活用されている．観光データの特徴表現としてベクトル空間モデルを紹介し，連関規則の観光情報への応用について説明する．地域経済に関するビッグデータを可視化するための地域経済分析システムを紹介する．さらに，群馬県の温泉地の特徴を視覚的にマッピングして検索できるようにした手動型探索インタフェースMEISEN の研究事例を紹介する．

## 12.1　観　光　情　報

　観光分野における情報化によって，観光・旅行先の選択肢が広がり，多様化した観光・旅行の楽しみ方にも対応できるようになってきている．また，スマホの普及によって旅行者の行動履歴やSNS への投稿は膨大なデータ（**ビッグデータ**）として蓄積され活用されている．ここでは観光情報の利活用について概観してみる．

### 12.1.1　観光の情報化

　一般的な観光・旅行計画を立てる手順をもとに情報利活用を見てみる．
① 観光・旅行先の選定
　Web ページから得られる情報を参照する機会が増えている．都道府県や市区町村で構成される観光協会は観光情報や関連情報をWeb ページ上に多数掲載している．また，**推薦システム**などの研究が進められ，

ビッグデータ
4.3参照

推薦システム
5.1参照

人工知能（AI）
**4.2 参照**

人工知能（**AI**）を搭載した旅行比較サイトなど，旅行先や旅行プランを対話的に計画できるようになっている．
　② 宿泊先の選定
　宿泊予約サイトがさまざまな情報を提供してくれる．たとえば，キーワードやカテゴリによって調べたり，地図上から対話的に選択したりできるような検索機能が充実している．選定した宿泊先はそのまま宿泊予約することもできる．宿泊予約の際，**AI コンシェルジュ**に相談できるなど AI 利活用が進んでいる．宿泊先によっては AI を搭載したロボットが接客を行うホテルなども増えている．
　③ 観光スポットの選定
　観光協会が提供する Web ページからおすすめエリアや観光スポットを探すことができる．観光協会によっては Web ページに搭載された AI コンシェルジュが対話的に観光スポットを提案し，行き方案内も地図上に表示してくれる．また，スマホを利用した観光スポットを推薦してくれる専用のアプリなども利用されている．

AI コンシェルジュ
チャットなどの入力手段によって利用者の質問を受け付け，回答を提示してくれる人工知能である．チャットボットとも呼ばれる．

### 12.1.2　観光とビッグデータ

#### A　個人の行動履歴

GPS 機能
全地球測位システム
衛星測位システムを使って現在位置を測定する機能である．

　日常生活でスマホを利活用する機会が増えている．スマホには **GPS 機能**が搭載されているので，設定によっては過去の行動履歴がビッグデータとして蓄積され，地図上で確認することができる．たとえば，Google マップの**タイムライン**では**表 12.1** に示す行動履歴を知ることができる．

タイムライン
利用者の行動履歴を集計し，時間軸上に表示したり，地図上に表示したりできる機能である．

表 12.1　グーグルマップのタイムラインで確認できる行動履歴

| 項　目 | 内　容 |
|---|---|
| 日 | 今日や過去の訪問データを地図上に経路表示 |
| ルート | 訪問地やスポットへの経路（ルート）を表示 |
| 分析情報 | 移動手段と距離，訪れた場所と訪問時間などを表示 |
| スポット | カテゴリ（ショッピングなど）ごとの訪問箇所を表示 |
| 都市 | 訪問した都市（市区町村）の訪問箇所を表示 |
| 全地域 | 海外も含めた訪問した全地域の訪問箇所を表示 |

位置情報サービス
携帯電話に搭載されている GPS 機能や基地局を利用して位置情報を提供する．

#### B　位置情報サービス

　携帯電話による位置情報を活用したサービスを**表 12.2** に示す．位置情報は観光行動の調査・分析に利活用されている．

表 12.2 携帯電話による位置情報を活用したサービス

| サービス | 内　容 |
|---|---|
| NTT ドコモ「混雑統計®」 | 許諾を得て取得した位置情報を分析プログラムで統計処理し,「人の流れ」を把握できる. 観光, 防災, 交通などの分野で利用されている. |
| NTT ドコモ「モバイル空間統計」 | 携帯電話ネットワークのしくみを使用し, 1 時間ごとの人口を, 24 時間 365 日把握できる. 性別, 年代, 居住エリア, 国・地域で人口分析できる. |
| ソフトバンク観光クラウドサービス「Japan2Go!」 | 多言語対応観光クラウドプラットフォームとして多くの観光地におけるスマートフォン用観光アプリケーションなどに採用されている. |
| KDDI KDDI×DATUM STUDIO「Location Trends」 | 携帯電話の位置情報ビッグデータと人工知能の活用により, 人々の行動分析, まちづくり, 観光動態分析, 商圏分析などに利用されている. |

## 12.2　観光データの特徴表現と利活用

　観光分野における情報活用の一手段として観光データの特徴表現について説明する. また, 観光分野で得られたデータ（ビッグデータ）から知識や知見を抽出するために利用されるアソシエーション分析（連関規則）のもとについて紹介する.

### 12.2.1　特 徴 表 現

#### A　ベクトル空間モデルとは

　**ベクトル空間モデル**とは, 情報検索を行うために採用されたモデルである[1]. 文書と文書中の単語の出現回数や重要度などは**表 12.3**に示すような多次元のベクトル（構造化データ）で表現することができる. たとえば, 文書 1 は単語 1 の出現回数が 1 回, 単語 3 の出現回数が 2 回といった意味になる. このようなベクトル表現により, ベクトル間の**類似度**を計算することができ, 類似した文書を探すことができる. ベクトル空間モデルでは, 単語などの項目（要素）に 0 が多い行列（**スパース行列**）を扱うことが多い.

類似度
ベクトル間の類似度として2つのベクトルのなす角度（コサイン尺度）などが利用される.

スパース行列
行列やベクトルの要素のほとんどが 0 である.

表 12.3　ベクトル空間モデル（構造化データ）

|  | 単語 1 | 単語 2 | 単語 3 |
|---|---|---|---|
| 文書 1 | 1 | 0 | 2 |
| 文書 2 | 0 | 1 | 2 |
| 文書 3 | 1 | 0 | 0 |

### B　観光地の特徴表現

　観光地などがもつ特徴をデータで表現することを考えてみる．観光地にはたくさんの観光特性（要素）がある．たとえば，温泉，文化，建造物などの要素が挙げられる．このような観光特性をベクトル空間モデルで表現すると**表 12.4** のようになる．草津は，温泉と文化の特徴をもつことを示している．このように観光特性を構造化データとして表現することができれば，類似する観光地を知ることができる[2]．

**表 12.4**　観光地の特徴表現（構造化データ）

|  | 温泉 | 文化 | 建造物 |
|---|---|---|---|
| 草津 | 1 | 1 | 0 |
| 伊香保 | 1 | 0 | 0 |
| 水上 | 1 | 0 | 0 |
| 富岡 | 0 | 1 | 1 |
| 中之条 | 1 | 0 | 1 |

## 12.2.2　観光データの利活用

### A　連関規則のもと

連関規則
アソシエーションルールともいう．

因果関係
原因と結果の関係．

アソシエーション分析
**4.4.2 参照**

POS システム
**10.2.1 参照**

　**連関規則**とは，「商品 A を買ったお客は商品 B を買う傾向にある」といった**因果関係**を表すことができる規則である．「**4.4.2　教師なし学習**」で説明した**アソシエーション分析**を実施することにより，連関規則を導き出すことができる．たとえば，スーパーやコンビニエンスストアに導入されている **POS システム**やオンラインショップで得られる購買データを，**表 12.5** に示すように表現する．お客 1 は，肉，パン，牛乳を買ったことを示している．このような購買データを準備することによって，アソシエーション分析を実施することができる．

**表 12.5**　購買データ（1：買った，0：買わない）

|  | 肉 | 野菜 | パン | 牛乳 |
|---|---|---|---|---|
| お客 1 | 1 | 0 | 1 | 1 |
| お客 2 | 1 | 1 | 0 | 0 |
| お客 3 | 0 | 1 | 1 | 0 |
| お客 4 | 0 | 1 | 1 | 1 |
| お客 5 | 1 | 1 | 1 | 1 |

### B 観光履歴への適用

アソシエーション分析は商品などの購買データへの適用以外にも，観光履歴データに適用することができる．**表 12.6** の観光履歴データは，旅行経験ありは 1，旅行経験なしは 0 が与えられた構造化データである．たとえば，観光客 1 は，草津，伊香保，水上に旅行経験があることを示している．このような観光履歴データに対してアソシエーション分析を実施することにより，「観光地 A に旅行経験のある観光客は，観光地 B を旅行する傾向にある」といった連関規則が得られ，**観光地推薦**などに応用することができる[2]．

観光地推薦<br>**5.4.2 参照**

**表 12.6** 観光履歴データ（1：旅行経験あり，0：旅行経験なし）

|       | 草津 | 伊香保 | 水上 | 富岡 | 中之条 |
|-------|----|-----|----|----|-----|
| 観光客 1 | 1  | 1   | 1  | 0  | 0   |
| 観光客 2 | 1  | 0   | 0  | 1  | 0   |
| 観光客 3 | 1  | 1   | 0  | 0  | 0   |
| 観光客 4 | 0  | 1   | 1  | 0  | 1   |
| 観光客 5 | 0  | 0   | 0  | 1  | 1   |

## 12.3 RESAS

### 12.3.1 地域経済分析システム

#### A RESAS（Regional Economy Society Analyzing System）

RESAS とは，産業構造や人口動態，人の流れなどの官民ビッグデータを集約し，可視化する**地域経済分析システム**である．経済産業省と内閣官房デジタル田園都市国家構想実現会議事務局が地方創生のさまざまな取り組みを支援するため，2015 年 4 月からインターネットの Web ページ上で情報公開（**オープンデータ**）している（**図 12.1**）．

オープンデータ<br>政府や自治体などが公開するデータ．

#### B V-RESAS

また，新型コロナウイルス感染症が地域経済に与える影響を可視化する V-RESAS も提供されている（**図 12.2**）．

V-RESAS<br>「経済のバイタルサイン」の頭文字を取って名付けられている．

#### C RESAS におけるマップ

RESAS では，地域経済に関するさまざまなビッグデータを，**表 12.7** に示すマップ一覧にあるように可視化してくれる．

図 12.1　RESAS（https://resas.go.jp/）

図 12.2　V-RESAS（https://v-resas.go.jp/）

### D　V-RESAS におけるカテゴリ

V-RESAS は，観光分野でも有益な情報を提供してくれる（**表12.8**）.

## 12.3.2　RESAS の可視化事例

### A　RESAS の使い方

「**12.3.1　地域経済分析システム**」で紹介した RESAS のマップを表示させる手順について説明する（**図 12.3**）. Web ブラウザで RESAS を開いてみよう.

RESAS の表示
【手順】
（1）Web ブラウザを起動する.
（2）アドレス
https://resas.go.jp/
を入力する.
もしくは，キーワード検索「RESAS」を行う.

表 12.7 RESAS のマップ一覧（2022 年 9 月現在）

| マップ | 内容 |
|---|---|
| ① 人口マップ | 人口推計・推移等が地域ごとに比較可能 |
| ② 地域経済循環マップ | 自治体の生産・分配・支出におけるお金の流入・流出が把握可能 |
| ③ 産業構造マップ | 地域の製造業，卸売・小売業，農林水産業の構造が把握可能 |
| ④ 企業活動マップ | 地域の創業比率や黒字赤字企業比率，特許情報等が把握可能 |
| ⑤ 消費マップ | POS データによる消費の傾向等の消費構造が把握可能 |
| ⑥ 観光マップ | 国・地域別外国人の滞在状況等のインバウンド動向等が把握可能 |
| ⑦ まちづくりマップ | 人の流動や事業所立地動向，不動産取引状況など，まちづくり関係の情報が把握可能 |
| ⑧ 医療・福祉マップ | 地域の雇用や医療・介護について，需要面や供給面からの把握が可能 |
| ⑨ 地方財政マップ | 各自治体の財政状況が把握可能 |

参考：地域経済分析システム（RESAS）のデータ一覧（Ver.48）（2022.9.6 更新）

表 12.8 V-RESAS におけるカテゴリ一覧（2022 年 9 月現在）

| カテゴリ | 内容 | カテゴリ | 内容 |
|---|---|---|---|
| 人流 | 全国の移動人口の動向等 | イベント | イベントチケット販売数等 |
| 消費 | クレジットカード決済情報をもとにした消費動向等 | 雇用 | 全国の職種別の求人情報数 |
| 飲食 | 全国の飲食店情報の閲覧数 | 事業所 | 職業別電話帳をもとにした事業所数の前月差 |
| 宿泊 | 全国の宿泊者数の推移等 | コロナ対策 | 全国の感染者数等 |

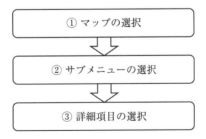

図 12.3 RESAS によるマップの表示手順

① マップの選択では，表 12.7 で示した 9 マップの中から可視化したい項目を選択する．

② サブメニューの選択では，選択したマップに応じたメニューが表

示される．選択できる総メニュー数は 83 メニュー（2022 年 6 月段階）ある．

③　詳細項目の選択では，都道府県や表示年月など，選択したサブメニューに応じた項目を指定していく．

**B　可視化事例**

観光マップから目的地分析をした可視化事例を示す（**図 12.4**）．興味のある都道府県について可視化してみよう．

目的地分析
【手順】
(1) 左上メニュー「観光マップ」を選択．
(2) サブメニュー「目的地分析」を選択．
(3)「群馬県」を指定．
(4) 観光地をポイントし「月別検索回数を表示」「出発地を表示」を選択．

図 12.4　観光マップにおける目的地分析例（都道府県：群馬県）

### 12.3.3　V-RESAS の可視化事例

#### A　V-RESAS の使い方

「**12.3.1　地域経済分析システム**」で紹介した V-RESAS のカテゴリを表示させる手順について説明する（**図 12.5**）．Web ブラウザで V-RESAS を開いてみよう．

①　地域の選択では，全国，または都道府県の中から可視化したい地

V-RESAS の表示
【手順】
(1) Web ブラウザを起動する．
(2) アドレス
https://v-resas.go.jp/
を入力する．
もしくは，キーワード検索「V-RESAS」を行う．

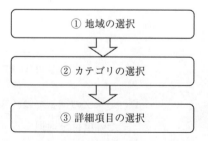

図 12.5　V-RESAS によるカテゴリの表示手順

域を選択する.

② カテゴリの選択では，表 12.8 で示した 8 カテゴリの中から可視化したい項目を選択する.

③ 詳細項目の選択では，都道府県の市区町村などのエリアを選択する.

### B 可視化事例

都道府県を選択し，カテゴリから宿泊の選択をしたときの可視化事例を示す（**図 12.6**）．興味のある都道府県について可視化してみよう.

宿泊
【手順】
(1)「都道府県を選択」から「群馬県」を選択.
(2) カテゴリ「宿泊」を選択.
(3) エリア「群馬県全体」を選択.
(4) 右下から「画像をダウンロード」する.

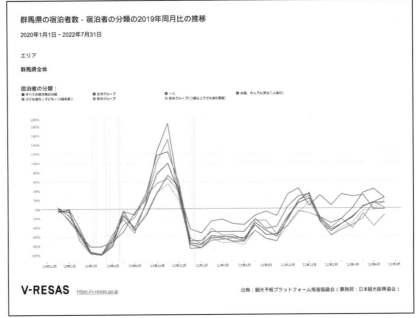

図 12.6 群馬県の宿泊者分類 2019 年同月比の推移

## 12.4 観光情報による可視化事例

インタラクティブな相互作用によって目的物を探索する手動型探索インタフェース **MEISEN**（Manual Exploratory Interface on the Simple Evolutionary Network）を実装した**メディアアート**作品 OSA（Onsen SeArch）[3]を紹介する.

メディアアート
コンピュータを中心とするメディアテクノロジーを作品に内包することによって成立したひとつのジャンル.

### 12.4.1　観光地情報

OSA では，群馬県の温泉地を視覚的に探索できるようにするため，
**表 12.9** に示す温泉地について泉質や効能を調べ，表 12.4 で紹介したベクトル空間モデルによる特徴表現をしている.

表 12.9　群馬県にある温泉一覧表（2015 年度）

| エリア | 温泉地名 | | | |
|---|---|---|---|---|
| 吾妻 | 草津温泉 | 沢渡温泉 | 薬師温泉 | 平治温泉 |
| | 四万温泉 | 応徳温泉 | 北軽井沢温泉 | 奥嬬恋温泉 |
| | 花敷温泉 | 吾妻峡温泉 | 川原湯温泉 | 嬬恋温泉 |
| | 尻焼温泉 | 松の湯温泉 | 半出来温泉 | 奥軽井沢温泉 |
| | たんげ温泉 | 川中温泉 | つま恋温泉 | 鬼押温泉 |
| | 大塚温泉 | 鳩ノ湯温泉 | 本白根温泉 | 鹿沢温泉・新鹿沢温泉 |
| | 高山温泉 | 温川温泉 | 万座温泉 | |
| 利根沼田 | 水上温泉 | 尾瀬戸倉温泉 | 宝川温泉 | 湯宿温泉 |
| | 法師温泉 | 片品温泉 | 向山温泉 | 真沢温泉 |
| | 白沢高原温泉 | 鎌田温泉 | 湯桧曽温泉 | 月夜野温泉 |
| | 老神温泉 | 摺淵温泉 | 谷川温泉 | 桜川温泉 |
| | 丸沼温泉 | 花咲温泉 | 上牧温泉 | うのせ温泉 |
| | 座禅温泉 | 幡谷温泉 | 川古温泉 | 猿ヶ京温泉 |
| | 白根温泉 | 湯の小屋温泉 | 高原千葉村温泉 | 宮山温泉 |
| | 東小川温泉 | 上の原温泉 | 赤岩温泉 | 川場温泉 |
| 西部 | 榛名湖温泉 | 高崎観音山温泉 | 倉渕川浦温泉 | 藤岡温泉 |
| | 倉渕温泉 | 坂口温泉 | 霧積温泉 | 下仁田温泉 |
| | 磯部温泉 | 湯端温泉 | 妙義温泉 | 塩ノ沢温泉 |
| | 八塩温泉 | 梅香温泉 | 大島温泉 | 向屋温泉 |
| | 高崎中尾温泉 | くらぶち相間川温泉 | 猪ノ田温泉 | 野栗沢温泉 |
| 県央・東部 | 北橘温泉 | 敷島温泉 | 赤城温泉 | 大胡温泉 |
| | 伊香保温泉 | 梨木温泉 | やぶ塚温泉 | 道の駅 よしおか温泉 |
| | 小野上温泉 | 滝沢温泉 | 赤城高原温泉 | |

### 12.4.2　MEISEN の概要

#### A　MEISEN の特徴

MEISEN（Manual Exploratory Interface on the Simple Evolutionary Network）は，探索過程にメタフォリカルな表現を取り入れ，感覚的・

感性的なものをビジュアルに作り出す．仮想世界とのインタラクティブな身体的動作をきっかけとして，作品との間に感覚を通じて関係を作り出し，この関係性を利用してある状況を設定し，現実世界との間に存在する経験や体験を想起できる．

探索過程に，養蚕，製糸，絹織物業といった一連の蚕糸・絹業をメタファとした感覚・感性を導入している．OSA は群馬県にある温泉地探索を対象としたバージョンで，体験者は，メインストーリーで群馬県内にある豊富な温泉地を探索しつつ，バックストーリーで蚕糸・絹業体験をたどることができる．メインストーリーとバックストーリーを紡ぐことによって，探索目的に沿った温泉地を探索できるとともに，探索履歴である鮮やかな銘仙を織り出すことができる．

**B　多次元尺度法による視覚的表現**

多次元尺度法
要素（温泉地）の特徴による違いを距離として表現し，距離をもとに2次元平面上の座標を計算する手法．

探索画面上（**図 12.7**）には，さまざまな色彩をもつ温泉地名の付いた繭形ノードが散らばっている．これらの温泉地は，それぞれの特性を表す泉質や効能によって，お互いが関連し合いながらその関係を築いている．温泉地の位置関係は**多次元尺度法**をもとに座標が計算され，ビジュアルにマッピングされている．

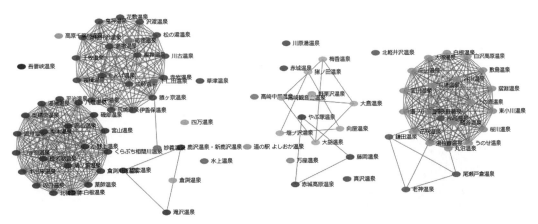

**図 12.7**　群馬県温泉地のマッピング

### 12.4.3　MEISEN のインタフェース

**A　手動探索時の視覚的表現**

体験者は，訪問経験あるいは興味関心のある温泉地の繭形ノードに触れ，その**泉質**や**効能**を眺めながら，温泉地探索を始める．訪問経験・興味関心のある温泉地は，温泉地名の表札をクリックすることによって，

泉質
温泉など鉱泉の水の化学的
性質で，硫黄泉，酸性泉な
どがある．

効能
泉質による「ききめ」のこ
とで，神経痛，筋肉痛など
がある．

インタラクティブ・データ
ビジュアライゼーション
6.1.2 参照

笊（おさ）
織物を織るときに使う道具
のひとつ．

ウェブ上の公式ページを閲覧することができる．また，温泉地名の付い
た繭形ノードをいくつか選択することにより，泉質や効能の類似する他
の温泉地を見つけ出すことができる．泉質や効能に親近性のある温泉地
同士は隣接し，同じ特性をもつ温泉地同士は伸縮する生糸で結ばれ，複
雑な形で表現されている．体験者は，温泉地名の付いた繭形ノードを選
択して引き出し，座繰りで生糸を作るような身振りによって，複雑な関
係を解きほぐしていくことができる（図 12.8）．また，同じ特性をもつ
温泉地同士の集団は，1 つの繭形ノードを中心とした放射状の表示に展
開することで，温泉地同士の関係をよりわかりやすくできる．

　このように，MEISEN では体験者の対話的な操作によって動的に視
覚的表現を作り出してくれる**インタラクティブ・データビジュアライ
ゼーション**の考え方を取り入れている．そのため，体験者の思考過程を
中断させることなく，体験者の探索行動に寄り添ったインタフェースを
提供することができる．

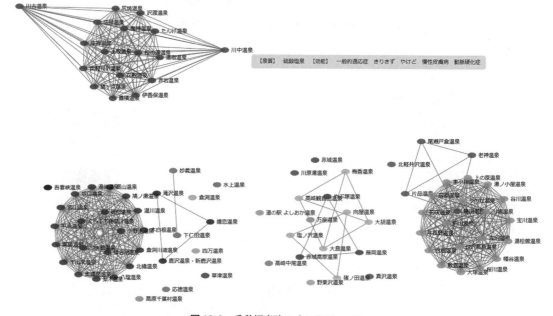

図 12.8　手動探索時のインタフェース

## B　探索履歴の視覚的表現

　訪問経験・興味関心のある温泉地名の付いた繭形ノードを選択し，手
機で織物を織るときに笊（おさ）で経糸・緯糸を叩いて締めるような，
背景を「トントン」とたたく身振りによって，泉質や効能の類似する他

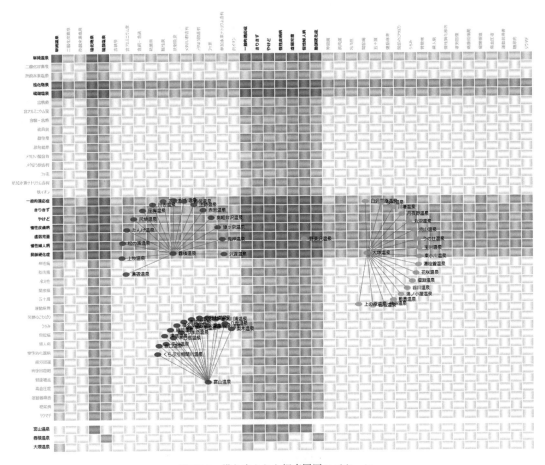

図 12.9　織り出された探索履歴のパターン

併用（へいよう）
経糸と緯糸それぞれに同じ
色を付けて編み込むように
表示している.
※併用絣（へいようがす
り）は伊勢崎銘仙が有名
である.

の温泉地を見つけ出すきっかけを作ることができる. このときに, 選択
した繭形ノードは, 温泉地の特徴表現である泉質と効能の 41 項目の要
素をもつ. そこで, 図 12.9 に示すような経糸と緯糸に 41 項目の要素を
割り当て, 選択した温泉地の特徴表現を色分けして併用することによ
り, 体験者の探索パターンをビジュアルに表現することができる. さら
に, 探索行動を繰り返すことによって, 図 12.9 の下部に 41 項目の特徴
表現が探索履歴として時系列に織り出される. 体験者は織り出された探
索履歴のパターンによって気づきがもたらされ, どのような泉質や効能
をもつ温泉地を訪問してきたのか, あるいは興味関心のある温泉地はど
のような泉質や効能をもつのかを確認できる. このように探索動作を試
行錯誤しながら繰り返すことによって, 探索目的に沿った温泉地を対話
的に探し出すことができる.

## 練 習 問 題

**12.1**　次の文章中の（）に入る適切な語句を記述しなさい.

情報検索を行うために採用された（①）は，文書と文書中の単語の出現回数や重要度などを多次元のベクトルで表現する. このようなベクトル表現により，ベクトル間の（②）を計算することができ，類似する文書を検索できる.（①）では，単語などの項目に 0（零）が多い（③）行列を扱うことが多い.（②）の計算では，2 つのベクトルのなす（④）を計算する（⑤）などが利用されている.

**12.2**　次の文章中の（）に入る適切な語句を記述しなさい.

コンビニエンスストアなどに導入されている POS システムの購買データから，「商品 A を買ったお客は商品 B を買う傾向にある」といった規則を導き出すことができる分析手法を（①）という. 導き出された規則（ルール）を（②）といい，2 つのデータ間の（③）関係を表すことができる. このような規則をもつ人工知能を作るために（④）学習が行われ，なかでも正解に相当するデータを必要としない（⑤）学習が行われる.

**課題**

インターネットの Web ブラウザを使って RESAS（https://resas.go.jp/）の Web ページから，出身地の観光マップを表示しなさい. 目的地分析から，出身地を選択し，興味ある観光地の「月別検索回数を表示」を確認しなさい.

**〔参考文献〕**

[1] 北研二 他：情報検索アルゴリズム，共立出版，2007
[2] 樽井勇之：協調フィルタリングとコンテンツ分析を利用した観光地推薦手法の検討，上武大学経営情報学部紀要，36，1-14，2011
[3] 樽井勇之：簡易進化型網における手動型探索インタフェース MEISEN の開発と応用，上武大学ビジネス情報学部紀要，17.3，73-94，2018
[4] 観光情報学会：観光情報学入門，近代科学社，2016
[5] 秋光淳生：データの分析と知識発見，NHK 出版，2016

<table>
<tr><td>**13**</td><td># ヘルスケアをデータから見る</td></tr>
</table>

　情報通信技術の進歩により，保健医療分野のデジタル化が急速に進んでいる．そして，ヘルスケア関連分野で，情報通信技術を応用した新しいビジネスが生まれている．本章では，電子カルテシステムの概要や医療安全との関係，医療保険制度とレセプトデータベース，医療データと時間経過などについて，データの視点から述べる．

## 13.1　医療の現状

### 13.1.1　医療とデジタル

　健康・医療に関するデータのデジタル化は，現在，急速に進んでいる．多くの医療機関（病院や診療所）に，電子カルテシステムが導入され，電子カルテを利用した診療の様子は，多くの人が経験している．そして，外来診療や入院治療を受けた患者の診療記録は，デジタル化され，医療機関に蓄積されている．しかし，健康・医療に関するデータは，医療機関に蓄積された電子カルテのデータだけでない．個人も，デジタル化された健康・医療データを保持している．ウェアラブルデバイスやスマートフォンには，多様なセンサーが内蔵されており，日常の歩行・運動データ，脈拍等を測定・蓄積することができる．血圧計や体重計などから受け取ったデータなども蓄積されている．さらに，利用者が入力することで，食事に関するデータも蓄積されている．また，医療機関と患者が共有しているデータもある．健診データやお薬手帳のデータである．

　このように，デジタル化された健康・医療のデータは，医療機関が蓄

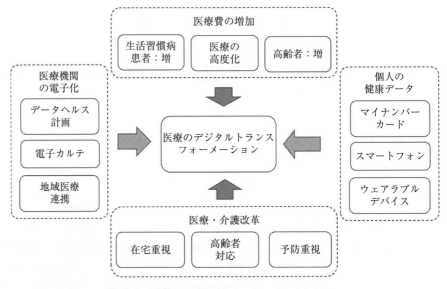

図 13.1　医療のデジタルトランスフォーメーション

積しているデータ，患者個人が蓄積しているデータ，医療機関と患者が
共有しているデータに分類することができる．

### 13.1.2　医療のデジタルトランスフォーメーション

　現在，医療分野でもデジタルトランスフォーメーション（DX）が注
目されている．その背景として，急速な高齢化や生活習慣病患者の増
加，医療の高度化などの要因により医療費の増加がある．国民医療費
は，2000 年の約 30 兆円から 2020 年には約 43 兆円に増加している．そ
して，予防重視，在宅重視，高齢者対応などの医療・介護の改革が行わ
れている．一方，医療機関においては，電子カルテ，地域の医療データ
をネットワークでつなげる**地域医療連携システム**，データヘルス計画な
どの情報技術の活用が進んでいる．近年では，個人のもつ健康データの
利活用も検討されている（**図 13.1**）．医療の DX の推進は，これまでの
電子化をさらに強化していくことになる．

### 13.1.3　医療のビッグデータ

　医療の情報化の進捗により，電子カルテデータや診療報酬データを集
約した医療のビッグデータも注目を集めている（**図 13.2**）．医療分野の
ビッグデータの活用例としては，データヘルス計画がある．これは，保
険者に集約されている診療報酬データと健診データを組み合わせて，医

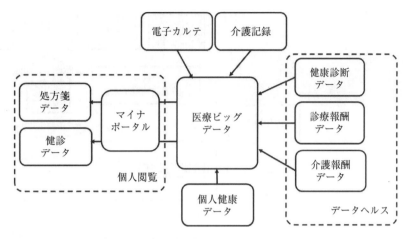

**図 13.2** 医療のビッグデータ

療費の分析と国民の健康増進を目的にしている．また，マイナンバーカードを利用して，マイナポータルから自分の処方データや健診データを容易に閲覧することもできる．

## 13.2 電子カルテ

ここでは，医療情報の特性，電子カルテシステムの概要，クリニカルパス，電子カルテと医療安全について説明する．

### 13.2.1 医療情報の特性

医療情報は，**マルチメディア性**（多様なデータタイプで構成されている），**時系列性**（時間情報が重要な役割を果たす），**秘匿性**（個人情報で守秘性が高い）などの特性を有する．

医療情報は，多種多様なデータタイプが混在するマルチメディアデータである．データタイプとしては，数値データ，コードデータ，テキストデータ，波形データ，画像データなどがある．また，時間情報が重要な役割を果たす時系列データがある．時間に関する性質として，時間的推移と時間的粒度がある．急性期の患者に対するデータの時間的粒度は細かく，"時"，"分"である．慢性期の患者に対するデータの時間的粒度は粗く，"月"，"年"である．さらに，事項が発生した時点や，複数のデータ属性の時間的推移の相互関係にも注意を払う必要がある．

医療情報は，古代ギリシャのヒポクラテスの誓いに詠われているよう

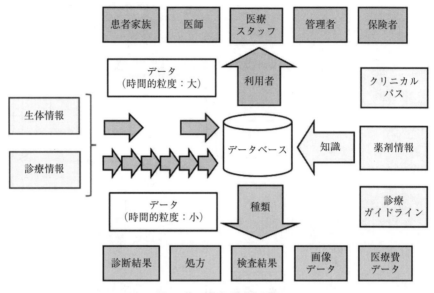

**図 13.3**　医療情報の多様性

に，秘匿性が高い個人情報である．このため，医療情報を取り扱うシステムではセキュリティ対策が重要である．そして，医療機関に蓄積されているデータは**図 13.3** に示すように，多種多様な側面を有している．診療過程で発生するデータとしては，診断結果，処方データ，検査結果，医用画像などがある．これらのデータの時間的粒度は大小さまざまである．そして，高度な専門知識を有する専門家からあまり専門知識を有しない者まで，さまざまな利用者が存在する．

### 13.2.2　電子カルテシステムの概要

　医療機関の情報システムの代表的なものに，電子カルテシステムがある．**電子カルテシステム**は，カルテ（診療録）の診療記録などを電子化したものである．電子カルテの画面上では，病名，所見，検査結果，画像データなどを一元的に表示できる．実際の運用においては，**図 13.4** に示す**電子化 3 原則（真正性，見読性，保存性）**を確保することが求め

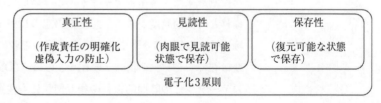

**図 13.4**　電子化 3 原則

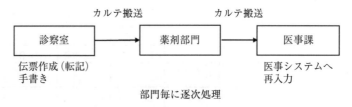

図 13.5 紙カルテによる運用

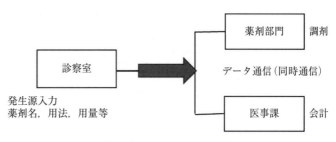

図 13.6 システムによる運用

られている.

　また，病院においては，診療部門，検査部門，事務部門などの部門間の情報伝達を電子化するオーダエントリシステムを電子カルテシステムと組み合わせて利用している．これにより，処方や検査などのデータを，院内のネットワークを使用して，複数の部門に同時に情報を伝達することができる．この結果，業務を並列的に（複数の部門で同時に）遂行することができ，待ち時間の短縮などが実現できる（**図 13.5**，**図 13.6**）．

### 13.2.3　クリニカルパス

　**クリニカルパス**は，施設ごとの治療経過に従って，診療ガイドライン等に基づき診療内容や達成目標等を診療計画として明示したものある．クリニカルパスは，患者状態と診療行為の目標，および評価・記録を含む標準診療計画であり，医療の質を改善する手法でもある．クリニカルパスは，良質な医療を効率的，かつ安全，適正に提供するための手段として利用されている．クリニカルパスは，**図 13.7** に示すように．疾患を治すために必要な治療・検査・注射などをタテ軸に，時間（在院日数）をヨコ軸にした診療スケジュール表である．入院から退院までの間，どの段階で，どの内容を実施するのかがわかるように記載されている.

　クリニカルパスの導入により，診療過程の標準化，インフォームド・コンセント（患者に対して，治療について事前によく説明を行い，同意

| | 月　日 | 月　日 | | 月　日 | 月　日 | 月　日 |
|---|---|---|---|---|---|---|
| | 1日目 | 2日目 | | 3日目 | 4日目 | 5日目 |
| | 手術前日 | 当日/術前 | 当日/術後 | 術後1日 | 術後2日 | 術後3日 |
| 患者状態 | | | | | | |
| 教育 | | | | | | |
| 処置 | | | | | | |
| 検査 | | | | | | |
| 注射 | | | | | | |
| 内服薬 | | | | | | |
| 食事 | | | | | | |

**図 13.7** クリニカルパスの概要

を得ること）の充実，入院中のスケジュールの患者との共有化を実現する．クリニカルパスは，通常，医療者が使用する医療者用と，患者への説明に利用し手渡す患者用の2種類が作られる．

セットオーダ
同時に実施する検査項目等をあらかじめ登録しておき，入力時には，セット名を選択することで，登録されている全項目がオーダ入力される機能．

医療者用のクリニカルパスは，電子カルテシステムの普及とともに，電子化される方向にある．クリニカルパスの電子化は，単なるセットオーダの拡充ではなく，医療の標準化をより強く意識させることになる．さらに，電子化したクリニカルパスは，チーム内での情報共有を推進する．さらに，電子化により，診療や患者のケアの電子的支援の仕組みが強化され，より高度な医療の実現が可能になる．

### 13.2.4 電子カルテシステムと医療安全

電子カルテシステムを利用した医療安全対策のひとつには，ベッドサイドの**3点認証方式**がある．これは，ベッドサイドでの注射等の実施において，バーコードを利用して，患者，実施者，医療行為（注射）の3点から情報を読み込み，照合・認証を行い，患者誤認防止や指示内容の最終確認を実現するものである．このシステムを運用するに当たっては，いくつかの準備が必要になる．

＊医療スタッフは，バーコードを印刷したIDカードを持つ．

＊薬剤や注射液の容器にはバーコードを貼付する．

＊患者の手首等にバーコードを印刷したリストバンドを装着する．

実施段階の様子を**図 13.8** に示す．まず，看護師は，自分のIDカードのバーコードをスキャンする①．次に，患者のリストバンドのバー

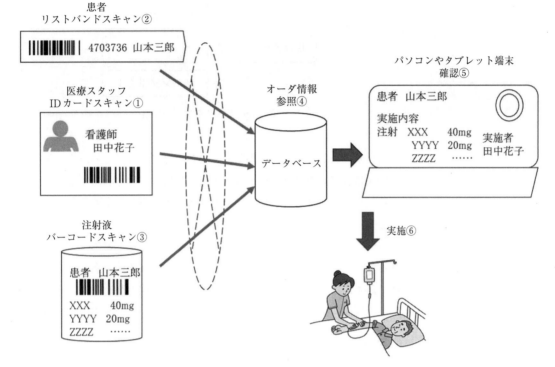

患者
リストバンドスキャン②

4703736 山本三郎

医療スタッフ
IDカードスキャン①

看護師
田中花子

注射液
バーコードスキャン③

患者 山本三郎

XXX 40mg
YYYY 20mg
ZZZZ ……

オーダ情報
参照④

データベース

パソコンやタブレット端末
確認⑤

患者 山本三郎

実施内容
注射 XXX 40mg
YYYY 20mg 実施者
ZZZZ …… 田中花子

実施⑥

**図 13.8 ベッドサイドでの 3 点認証**

コードをスキャンする②. そして，注射容器のバーコードをスキャンする③. この 3 つのデータをオーダデータと確認する④. 確認の結果，問題がなければ画面に OK のサインが，問題があれば，NG のサインが表示される⑤. これにより，実施者の看護師は実施直前のオーダ状況と実施内容を確認できる. 問題がないことを確認したうえで，看護師は，注射を実施する⑥.

## 13.3 医療保険制度と診療報酬データ

### 13.3.1 医療保険制度

私たちは，国内で，病気になった時や負傷した時に，安心して医療機関を利用することができる. ここで，「安心して利用する」には，比較的高水準な医療を支払可能な費用で利用できることが含まれる. 日本の医療保険制度の特徴は，**図 13.9** に示すように，国民皆保険，フリーアクセス，混合診療原則禁止である. **国民皆保険**とは，すべての国民は，

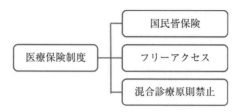

図 13.9　医療保険制度の特徴

いずれかの公的健康保険に加入していることである．このため，すべて
の国民は経済的なことをあまり心配せずに医療機関を利用することがで
きる．フリーアクセスとは，私たちが医療機関を利用する場合，国内の
医療機関であれば，誰でもどこでも自由に利用できるということであ
る．つまり，加入している健康保険の種類や居住地などにより，利用で
きる医療機関が制限されることはない．**混合診療原則禁止**とは，医療機
関は基本的に保険診療を実施しており，保険適用外行為と保険適用医療
行為を同時に実施することは原則として行わないということである．

### 13.3.2　レセプトデータベース

　**データヘルス計画**は，健康日本 21（第 2 次）で打ち出され，電子化
された**レセプト**（診療報酬明細書）データと 40 歳以上が対象である特
定健診の結果を利用する健康保持増進の施策である（**図 13.10**）．デー
タヘルス計画に重要な役割を果たすものの一つにレセプトデータベース
がある．レセプトデータは，プライベートデータであること，多くの関
係者（患者，医療機関，保険者，国）がいることなどの特性がある．こ
のレセプトデータベースの代表的なものにレセプト情報・特定健診等情
報データベース（**NDB**）と国保データベース（**KDB**）がある．

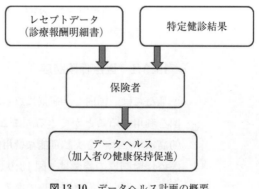

図 13.10　データヘルス計画の概要

NDB は，厚生労働者が全保険者のレセプトデータと，特定健診・保健指導（40歳以上）の結果を蓄積したものである．NDB は，個人を特定できない状態に変換して，収集・管理されている．KDB は，国保連合会が国民健康保険加入者のレセプトデータ，特定健診・保健指導（40歳以上）の結果，介護保険のレセプトデータを蓄積したものである（**図13.11**）．

国民健康保険
主として，自営業者，農漁業者などが加入する保険．

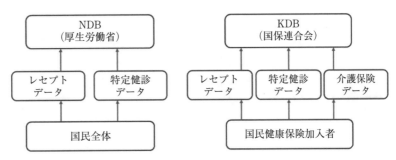

**図 13.11** NDB と KDB

　レセプトデータは個人の診療経過であり，そのデータの取り扱いには，十分なプライバシーの保護が必要である．個人を特定できる情報については，固有の暗号に置換することで，個人の診療履歴の追跡可能性等を維持しつつ匿名化してある．一方，傷病名や治療内容等の情報はそのまま格納されている．

　**特定健診データ**は，個人の健康診査データであり，特定保健指導のデータは，特定健診受診者のうち一定の基準に該当する者に対して行われた特定保健指導の情報が格納されている．レセプトの場合と同様にそのデータの取り扱いには，十分なプライバシーの保護が必要である．氏名などの受診者個人が特定されうる情報は匿名化処理がなされている．一方，問診結果や体重，血圧などといった測定項目，血糖値やコレステロール値等の主に生活習慣病に関連した検査項目の結果，保健指導レベルや支援形態などの情報は，そのまま含まれている．また，レセプトデータと特定健診データは一括して抽出することで，両者を包括的に分析することも可能となっている．

　NDB には守秘性の高いデータが含まれており，その利用は，国の行政機関や都道府県・市区町村，研究開発独立行政法人，大学所属の研究者等に限られている．

### 13.3.3　国保データベース(KDB)システムの利用

　国保データベース（KDB）システムは，国保連合会が構築したシステムである．KDB システムは，国保連合会が取り扱う健診情報，医療レセプト情報，介護レセプト情報を連携したものである．KDB システムを利用すると，集計情報の入手やハイリスク住民の抽出などが可能である．

　KDB システムより入手できる集計情報は，地区別，市町村別，県別，全国の階層性のある情報や同規模保険者の集計情報である．これらの集計情報を利用して，自らの集団の特徴を把握し，健康課題の明確化や保健事業の計画策定に活用できる．

　また，保険者は，個々の特定健診結果等から，ハイリスク住民を抽出することができる．さらに，医療レセプト情報を利用して，医療機関への受診状況を確認することができる．これにより，個別保健指導の対象者を抽出することができる．たとえば，特定健診結果から，HbA1c ＞ 6.0，もしくは，朝食前血糖値＞ 120 の条件で糖尿病の可能性のある住民を抽出する．さらに，抽出された住民の医療レセプト情報から，2 年以上受診履歴のない住民に絞り込む．絞り込まれた住民に対して，必要に応じて受診勧奨等を行うことができる．

### 13.3.4　NDB オープンデータ

　NDB オープンデータは，誰でも簡単に閲覧できるよう，NDB データを用いて基礎的な項目を集計し，その結果を公開しているものである．NDB オープンデータは，「医科診療行為」，「特定健診」，「薬剤」などについて，集計し結果を公表している．医科診療行為については，医科レセプトおよび DPC レセプトの情報をもとに，厚生労働省告示の点数表で区分されている主な事項について都道府県別，性・年齢階級別の集計を行っている．特定健診については，主たる検査項目である BMI，腹囲，空腹時血糖，HbA1c，血圧，中性脂肪，コレステロール，AST，ALT 等の集計を行っている．薬剤については，大きく内服，外用，注射で，それぞれ入院，外来（院内），外来（院外）の 3 カテゴリーごとに，使用実態について集計している．これらの集計データの一部は，公開されている **NDB オープンデータ分析サイト**で，グラフ化することができる．図 13.12，図 13.13 は第 7 回ＮＤＢオープンデータ集計結果を分析表示したものである．図 13.12 は，診療区分「初診料」の都道府県

HbA1c
ヘモグロビン A1c 糖尿病の過去 1～2ヶ月のコントロール状態の評価を行う指標．

BMI（Body Mass Index）
肥満度を表す指標として国際的に用いられている体格指数．
(体重 kg)／(身長 cm)$^2$
で算出する．
日本肥満学会の基準値では，25 以上を肥満としている．

NDB オープンデータ分析サイト
https://www.mhlw.go.jp/ndb/opendatasite/index.html

別算定回数を表したグラフである．都道府県別の棒グラフと地図でデータを表現している．図13.13は，診療区分「投薬」の性年齢別算定回数を表したグラフである．

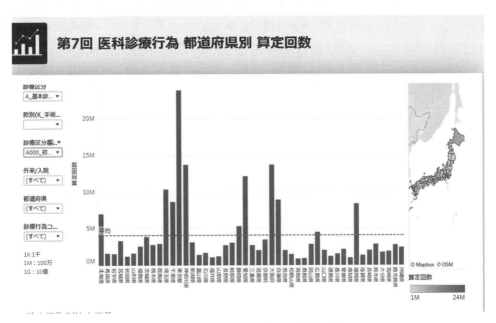

図13.12　初診料の都道府県別算定回数

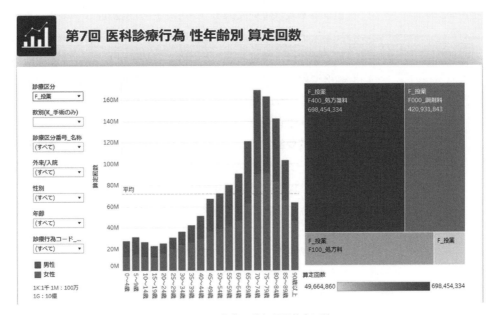

図13.13　投薬の性年齢別算定回数

## 13.4　医療データと時間経過

電子カルテシステムの普及により，日々，電子化された医療データが大量に蓄積されている．しかし，電子カルテに蓄積されたデータから知識を抽出することは，容易ではない．たとえば，「2022 年 12 月 12 日朝の血圧，収縮期（最高血圧）190，拡張期（最低血圧）160」という記述は該当患者にとっては意味のあるデータであるが，知識抽出のための一般的データとしては利用できない．このため，電子カルテのデータを知識化する研究開発が進められている．また，医療データは，時間情報が重要な役割を果たすので，時間的情報に基づいたデータ利用の研究開発も進められている．

時間的順序は，2 つのケースで説明する．最初は，下痢と腹痛の症状を訴える患者が来院したケースである（**図 13.14**）．患者の訴えは，次のようである．「下痢と腹痛が 15 時頃からある．それに，牡蛎を食べた．」という．医師は牡蛎を食べた時間を確認する．前日 18 時頃に食べたのであれば，牡蛎による食中毒を疑う．しかし，当日 13 時であれば，別の原因を探すことになろう．これは，食中毒の場合，食事と下痢・症状には，一定の間隔があることが知られているからである．また，「中指をケガした 5 分後に，小指をケガをした」ケースでは，何の関連も考慮する必要はないであろう．しかし，「胸が苦しくなり，一度落ち着いて，5 分後に再び胸が苦しくなった」ケースでは，胸が苦しくなった 2 回の症状は，関連あることと考える必要があろう．5 分の間隔で発生した 2 つの事象でも，独立した事象である場合と，関連した事象である場合がある．つまり，時間の間隔情報に意味がある場合と意味がない場合を区別する必要がある．

**時間的要約**（Temporal abstraction）は，未加工や前処理された時間指向データから，概念レベルのより高い質的表現を作成することである．慢性疾患（がん，糖尿病，エイズ）患者の診療は，時間的要約の効果が大きいもののひとつである．たとえば，糖尿病患者の治療において

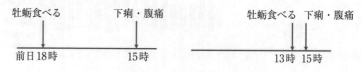

**図 13.14**　メディカルイベントの時間関係

は，発生頻度の小さいデータである朝食後血糖値の変化の傾向を一定期間にわたり視覚化することが有効であることが知られている．

## 13.5 医療画像と AI

日本の医用画像装置（X 線，CT，MRI など）の人口当たりの台数は，世界でトップクラスである．そして，日々大量の医用画像データが生成されている．しかしながら，医用画像を読影するための専門的な知識や経験を有する放射線科の医師は，増加しているものの，不足している状況にある．一方，コンピュータや AI を利用して医用画像から病変部を認識・検出を支援する CAD（Computer Aided Diagonosis）の研究開発は，長い間継続的に行われている．CAD は医師の利用形態により，**図 13.15** に示すように，3 つのタイプに分類される．

\* Second Reader　　　医師読影後，CAD 読影（確認的な利用）

\* Concurrent Reader　医師読影と同時に，CAD 読影

\* First Reader　　　　CAD 読影後，医師読影（スクリーニング的利用）

Second Reader 方式と Concurrent Reader 方式では，医師の見落とし防止への貢献となる．First Reader 方式では，医師が読影する画像数が減少し，医師の業務負担は軽減される．しかしながら，診断への影響度は大きく必要とされる精度はきわめて高いものになる．

具体的な例として肺がん検診 CAD がある．肺がんの死亡者数は多く，早期発見・早期治療が求められている．画像検診は早期発見に貢献する．そして，CT 撮影は胸部 X 線画像撮影と比較して有効性は高く，

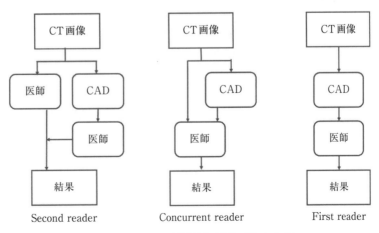

**図 13.15** CAD の時間関係（文献 [2] による）

近年，低線量による撮影方法でも十分解析できる画像処理技術が研究開発されてきている．

## 演 習 問 題

**13.1**　適切な語句を記入しなさい．

電子カルテシステムの実際の運用においては，データ作成責任の明確化や虚偽の防止などを意味する（①），求めに応じて肉眼で見読可能な状態にしておく（②），復元可能な状態で保存しておく（③）を確保することが求められている．

**13.2**　適切な語句を記入しなさい．

施設ごとの治療経過に従って，診療ガイドライン等に基づき診療内容や達成目標等を診療計画として明示したものが（①）である．（①）は，患者状態と診療行為の目標，および評価・記録を含む標準診療計画であり，医療の質を改善する手法でもある．疾患を治すために必要な治療・検査・注射などをタテ軸に，時間（在院日数）をヨコ軸にした（②）である．（③）から退院までの間，どの段階で，どの内容を実施するのかがわかるように記載されている．

**13.3**　適切な語句の組み合わせを選びなさい．

NDB や（①）は，レセプトデータや特定健診データを蓄積したデータベースである．レセプトデータは（②）の高いデータが含まれており，その取扱いには十分注意を払う必要がある．（③）は，医療費に関するデータを，誰でも簡単に閲覧できるように公開しているものである．

|   |   |   |   |
|---|---|---|---|
| ア． | ① CAD | ② 経済価値 | ③ 処方箋 |
| イ． | ① CAD | ② 守秘性 | ③ 処方箋 |
| ウ． | ① KDB | ② 経済価値 | ③ NDB オープンデータ |
| エ． | ① KDB | ② 守秘性 | ③ NDB オープンデータ |

〔**参考文献**〕

[1] 樺沢一之，豊田修一：医療情報学入門 第2版，共立出版，2018

[2] 藤田広志：肺がん CT 検診 CAD システムの現状と今後の展望，日本医学物理学会機関誌，Vol. 35，No. 2，pp. 163-166，2015

[3] Shuichi Toyoda, Noboru Niki：Information Visualization for Chronic Patient's Data, Information Search, Integration and Personalization, Springer CCIS, pp. 81-90, 2013

[4] 河田佳樹，仁木登：医用画像診断支援の最前線，電子情報通信学会・情報・システムソサイエティ誌，Vol. 16，No. 3，2011

# part 5 データサイエンスの心得
~安全・安心のセキュリティと個人情報~

　企業や組織は，所有する情報がきわめて重要なものであると認識している．そして，情報セキュリティとは，所有する情報資産を，漏洩や不正アクセス等の脅威から保護することである．情報資産とは，企業や組織などで保有している顧客情報や販売情報などの情報全般のことを意味する．その中で，所定の手続きを経て収集した個人情報は，企業にとって，特に重要な情報となってきている．このため，企業や組織においては，保有する情報資産の特質をよく検討して，情報セキュリティ対策を行っている．同時に，個人情報は，個人のプライバシーを守る点から守秘性の高いものである．そこで，このパートでは，情報セキュリティと個人情報について，基礎的なことを学ぶ．

<table>
<tr><td>**14**</td><td>情報セキュリティと AI 利活用<br>における留意事項</td></tr>
</table>

　この章では，情報資産を守るために必要な情報セキュリティの基礎と，データや AI 利活用における留意事項について学ぶ．まず，デジタルビジネスにとって重要となる情報資産について説明する．次に，情報セキュリティの 3 要素（機密性・完全性・可用性）を紹介し，脅威や脆弱性によってリスクが顕在化することを説明する．情報資産を守るためのパスワードや暗号化の仕組みについて説明する．さらに，データや AI 利活用による留意事項として ELSI，信頼性のある自由なデータ流通，経済協力開発機構（OECD）の AI 原則，教育的指針を取り上げる．

## 14.1　情報セキュリティ

### 14.1.1　情 報 資 産

デジタルトランスフォーメーション（DX）<br>**10.1.1 参照**

　**デジタルトランスフォーメーション**（DX）などの推進によって，顧客との直接的な接点が拡張され，これまでには得られなかった顧客の詳細なデータが得られるようになった．このようなデータを活用する**デジタルビジネス**にとって，顧客から直接得られる①情報（**1 次データ**）は守るべき**情報資産**のうちで最も重要なものとなる（**図 14.1**）．また，このような価値ある情報を得るための②ソフトウェアや③ハードウェア，顧客との直接的な接点となる④ネットワーク，ネットワークを介して顧客に提供される⑤サービスを含めたシステム全体のことも**情報資産**と呼ぶ．

推薦システム<br>**5.1 参照**

　5 章で説明した**推薦システム**は顧客との直接的な接点により得られた情報がまさに新たな価値創出のための源となっている．つまり，推薦システムでは，顧客の個人情報などの内容情報と，顧客とのやり取りで収

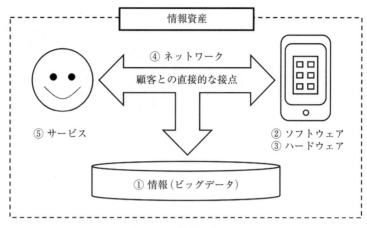

**図 14.1** 情報資産の例

集できる行動履歴などの対話情報が，デジタルビジネスにとって最も重要な情報資産となっている．

### 14.1.2 情報セキュリティ

**情報セキュリティ**とは，機密性（Confidentiality），完全性（Integrity），可用性（Availability）を維持することをいう．

#### A 機密性

**機密性**とは，許可された利用者のみが情報にアクセスでき，それ以外の者はアクセスできないことをいう．たとえば，学校などの課題提出フォルダは，先生と自分は提出したレポートを閲覧，変更，削除することができるが，他人はできないようになっている（**表 14.1**）．

**表 14.1** 学校などの課題提出フォルダのアクセス許可

| 許可 | 先生 | 自分 | 他人 |
|---|---|---|---|
| 閲覧 | ○ | ○ | × |
| 変更 | ○ | ○ | × |
| 削除 | ○ | ○ | × |

#### B 完全性

**完全性**とは，情報（データ）が正確で完全であることをいう．たとえば，送信前と送信後で，データが**改ざん**されたりせずに一致している必要がある（**図 14.2**）．

改ざん
データが書き換えられてしまうこと．

#### C 可用性

**可用性**とは，利用者が情報を必要としているときにいつでも利用可能

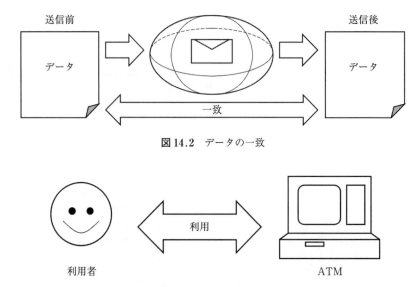

図 14.2　データの一致

図 14.3　いつでも利用できる ATM

　な状態にしておくことをいう．たとえば，学校のパソコンや銀行の
ATM などはいつでも利用できるようになっている（**図 14.3**）.

### 14.1.3　リ　ス　ク

#### A　リスクとは

　守るべき情報資産の機密性・完全性・可用性が損なわれる可能性のこ
とを**リスク**と呼ぶ．リスクは脅威に対して弱点となる脆弱性があると顕
在化する（**図 14.4**）．リスクが損なわれた状態を**インシデント**と呼ぶ.

図 14.4　リスクの顕在化

#### B　脅威となるもの

　**脅威**となるものには，①物理的なもの，②技術的なもの，③人的なも
のがある.

① 物理的なもの

台風や大雨，地震や津波などの自然災害によって，情報資産が直接的に破壊される恐れがある．

② 技術的なもの

Windows などのオペレーティングシステムのバグ（欠陥）や，情報資産の破壊や改ざんを行うコンピュータウイルスなどが挙げられる．

③ 人的なもの

誤操作によって情報資産を失ってしまったり，USB メモリやノートパソコンが盗まれてしまったりすることによる脅威である．

### C 弱点となるもの

情報資産は，ハードウェアやソフトウェア，データベースやネットワークなどシステム全体を指すため，あらゆるところに弱点となる**脆弱性**が潜んでいる．たとえば，ソフトウェアにプログラムのバグ（欠陥）が存在すれば，**セキュリティホール**と呼ばれる穴が開いたままの状態になる．そのまま放置するとインターネットを介して外部からシステムに侵入されたり攻撃されたりすることもある．このようなセキュリティホールをふさぐためにソフトウェアを更新したり，セキュリティソフトを導入したりしてコンピュータウイルスの侵入や感染を防ぐ必要がある．

### 14.1.4 パスワード

情報資産を守るためには，許可された利用者であることを認証するため，ユーザ ID と**パスワード**を使ってシステムにログインする．

#### A ワンタイムパスワード

**ワンタイムパスワード**は，利用者にログインパスワードが一定時間ごとに配布される．一度使ったら使用不可となる一度きりのパスワードである（**図 14.5**）．

#### B マトリクス認証

**マトリクス認証**では，乱数表をあらかじめ利用者に配布しておく．利

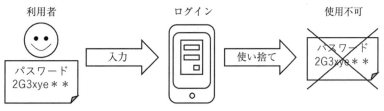

図 14.5　ワンタイムパスワード

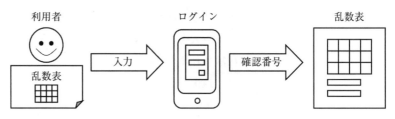

図 14.6　マトリクス認証

用者が ID とパスワードでログイン後，本人であることを確かめるために乱数表の指定位置の確認番号を入力させる方法である（**図 14.6**）.

### C　生体認証

**生体認証**は，人の身体的特徴を利用した方法で，顔認証や指紋認証，音声認証などが利用される（**図 14.7**）.

図 14.7　生体認証

### 14.1.5　暗　号　化

　インターネット上を流れる情報は，無数の中継器を渡り歩きながらバケツリレー方式（**6 章参照**）で届けられる．そのため，経路上を流れる情報が**平文（ひらぶん）**のままだと**盗聴**されたときに内容が知られてしまうリスクがある．そこで，盗聴されても情報資産を守るためには情報を**暗号化**して第三者が見てもわからないようにしておく必要がある.

**平文（ひらぶん）**
暗号化などがかけられていないそのままのテキストデータのこと.

### A　暗号化とは

　暗号化の古典的方法には，**換字式暗号**（**図 14.8**）と**転置式暗号**（**図 14.9**）がある．このような換字と転置を繰り返すことによって複雑な暗号文を作り出すことが基本となっている．換字と転置のルールを**鍵（キー）**という．暗号文を平文に戻すことを**復号**という.

①　換字式暗号は，平文の文字を別の文字で置き換えることによって暗号文を生成する方法である．図 14.8 では，文字を 1 個後ろの文字で置き換えている．シーザー暗号は，平文のすべての文字を $n$ 個後ろの文字で置き換える換字法である.

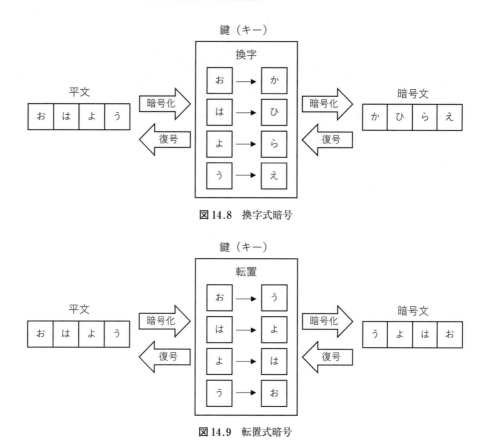

**図 14.8** 換字式暗号

**図 14.9** 転置式暗号

② 転置式暗号は，平文の文字の順番を入れ替えることによって暗号
文を生成する方法である．図 14.9 では，1 番目と 4 番目，2 番目
と 3 番目を入れ替えている．

**B 共通鍵暗号方式**

**共通鍵暗号方式**は，送信者と受信者が同じ**共通鍵**を使って暗号化，復
号する方法である（**図 14.10**）．利点は，共通鍵を送信者，受信者どち
らが作ってもよい．また，処理に時間がかからない．欠点は，通信する
相手ごとに共通鍵を作らなければならない．

**C 公開鍵暗号方式**

**公開鍵暗号方式**は，受信者が暗号化するための**公開鍵**と復号するため
の**秘密鍵**のペアを作る（**図 14.11**）．公開鍵は誰でも利用できるように
公開されており，送信者は公開鍵を使って暗号化する．受信者は秘密に
もっている秘密鍵を使って暗号文を復号する．利点は，公開鍵を複数人
に配布することができる．欠点は，処理に時間がかかることである．

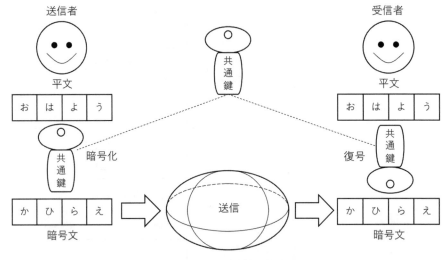

**図 14.10　共通鍵暗号方式**

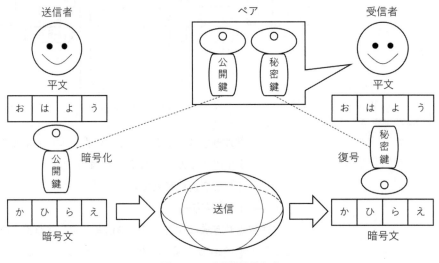

**図 14.11　公開鍵暗号方式**

## 14.2　データや AI 利活用における留意事項

### 14.2.1　ELSI

　ELSI（Ethical, Legal and Social Issues）とは，倫理的（Ethical）・法的（Legal）・社会的（Social）な課題（Issues）のそれぞれ頭文字を取ってつなげた言葉で，エルシーと呼ばれる．ELSI が注目される背景

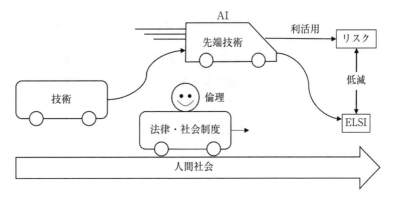

**図 14.12**　先端技術の進歩に追いつけない人間社会

となったのは，人工知能（AI）を始めとする先端技術の進歩に，人間
社会における法律や社会制度が追いつけなくなったからである[1]（**図
14.12**）．AI 利活用により生ずるリスクを低減するため，安全性やセ
キュリティ，プライバシー，データの偏り（**データバイアス**）による公
平性，AI サービスの透明性，アカウンタビリティについて議論されて
いる．

### 14.2.2　信頼性のある自由なデータ流通（DFFT）

**DFFT**（Data Free Flow with Trust）とは，「プライバシーやセキュ
リティ，知的財産権に関する信頼を確保しながら，ビジネスや社会課題
の解決に有益なデータが国境を意識することなく自由に行き来する，国
際的なデータ流通の促進を目指す」[2]（**図 14.13**）といった概念である．

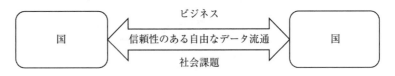

**図 14.13**　信頼性のある自由なデータ流通

　電子商取引を始めとしたインターネットの利活用は国境がなく，今や
全世界の人々がビジネスの対象となっている．さらに全世界共通する社
会問題を各国が連携しながら解決していかなければならない．そのため
のデータ流通に関する国際的なルール作りが積極的に進められている．

### 14.2.3　経済協力開発機構（OECD）の AI 原則

　　OECD は，2019 年 5 月の年次閣僚理事会で「AI 原則」を 42 ヵ国の合意により採択している [3]．このうち「AI の 5 原則」は，Chat GPT などの生成 AI の急速な普及により見直す方針が示されている（**表14.2**）．

**表14.2　AI の 5 原則（2019 年）[3]**

| |
|---|
| AI は，包摂的成長と持続可能な発展，暮らし良さを促進することで，人々と地球環境に利益をもたらすものでなければならない． |
| AI システムは，法の支配，人権，民主主義の価値，多様性を尊重するように設計され，また公平公正な社会を確保するために適切な対策が取れる―たとえば必要に応じて人的介入ができる―ようにすべきである． |
| AI システムについて，人々がどのようなときにそれと関わり結果の正当性を批判できるのかを理解できるようにするために，透明性を確保し責任ある情報開示を行うべきである． |
| AI システムはその存続期間中は健全で安定した安全な方法で機能させるべきで，起こりうるリスクを常に評価，管理すべきである． |
| AI システムの開発，普及，運用に携わる組織および個人は，上記の原則に則ってその正常化に責任を負うべきである． |

**表14.3　各学校で生成 AI を利用する際のチェックリスト[4]**

| |
|---|
| 生成 AI ツールの利用規約を遵守しているか（年齢制限・保護者同意を遵守しているか） |
| 事前に，生成 AI の性質やメリット・デメリット，情報の真偽を確かめるような使い方等に関する学習を実施しているか |
| 教育活動の目的を達成する上で効果的か否かで利用の適否を判断しているか |
| 個人情報やプライバシーに関する情報，機密情報を入力しないよう，十分な指導を行っているか |
| 著作権の侵害につながるような使い方をしないよう，十分な指導を行っているか |
| 生成 AI にすべてを委ねるのではなく最後は自己の判断や考えが必要であることについて，十分な指導を行っているか |
| AI を利用した成果物については，AI を利用した旨や AI からの引用をしている旨を明示するよう，十分な指導を行っているか |
| 読書感想文などを長期休業中の課題として課す場合には，AI による生成物を自己の成果物として応募・提出することは不適切または不正な行為であること，自分のためにならないことなどを十分に指導しているか．保護者に対しても，生成 AI の不適切な使用が行われないよう，周知・理解を得ているか |
| 保護者の経済的負担に十分配慮して生成 AI ツールを選択しているか |

### 14.2.4　AI 利活用における教育的指針

対話型 AI
**4.5参照**

　文部科学省は，生成 AI（Chat GPT）など**対話型 AI** の利活用について学校現場での取り扱いに関する指針を作成し始めている[4]（**表 14.3**）.

### 練 習 問 題

**14.1**　次の文章中の（）に入る適切な語句を記述しなさい.

　情報セキュリティとは，情報資産について，（①）（②）（③）を維持することをいう.（①）は，許可された利用者のみが情報にアクセスでき，それ以外の者はアクセスできないことをいう.（②）は，情報が完全で正確であることをいう.（③）は，利用者が情報を必要とするとき，いつでも利用可能な状態にしておくことをいう.（①）（②）（③）が損なわれる可能性のことを（④）といい，損なわれた状態のことを（⑤）という.

**14.2**　次の文章中の（）に入る適切な語句を記述しなさい.

　情報資産を守るため，ユーザ ID とパスワードを使った認証が行われている.利用者にログインパスワードが一定時間ごとに配布され，一度使ったら使用不可となる一度きりのパスワードを（①）という.利用者に乱数表をあらかじめ配布し，本人であることを確かめるために乱数表の指定位置の確認番号を入力させる方法を（②）という.人の身体的特徴である顔や指紋などを利用した方法を（③）という.

**14.3**　次の文章中の（）に入る適切な語句を記述しなさい.

　インターネット上を流れる情報は（①）されるリスクがあるため，情報を暗号化して第三者が見てもわからないようにしておく必要がある.暗号化の基本的な方法として，文字を別の文字で置き換える（②）と文字の順番を入れ替える（③）がある.送信者と受信者が同じ鍵を使って暗号化，復号する方法を（④）という.受信者が暗号化するための鍵と復号するための鍵のペアを作り，送信者は公開された鍵で暗号化し，受信者は秘密にしてある鍵で復号する方法を（⑤）という.

〔**参考文献**〕

[1]　西田豊明：人工知能の社会的側面— ELSI に関わる動向，情報の科学と技術，68, 12, 586-590, 2018

[2]　デジタル庁，DFFT, https://www.digital.go.jp/policies/dfft/（令和 5 年 6 月 29 日閲覧）

[3]　OECD, 42 ヵ国が OECD の人工知能に関する新原則を採択，https://www.oecd.org/tokyo/newsroom/forty-two-countries-adopt-new-oecd-principles-on-artificial-intelligence-japanese-version.htm（令和 5 年 6

月 30 日閲覧）

［4］文部科学省：「初等中等教育段階における生成 AI の利用に関する暫定的なガイドライン」の作成について，令和 5 年 7 月 4 日，chrome-extension://efaidnbmnnnibpcajpcglclefindmkaj/https://www.mext.go.jp/content/20230704-mxt_shuukyo02-000003278_003.pdfc（令和 5 年 7 月 8 日閲覧）

［5］北川源四郎他：教養としてのデータサイエンス，講談社，2022

［6］小野厚夫他：補訂版 情報科学概論，培風館，2006

［7］岡本敏雄監修：標準教科書よくわかる情報リテラシー，技術評論社，2013

| **15** | 個人情報を保護する |

この章では，プライバシー保護で大きな意味をもつ OECD プライバシー 8 原則や個人情報の考え方について最初に学ぶ．さらに，日本の個人情報保護法の概要や要配慮個人情報，k-匿名性，EU の GDPR，アメリカの CCPA について学ぶ．最後に，データサイエンスを商業的に利用する場合の課題でもある個人情報に関する倫理的話題も取り上げる．

## 15.1　プライバシー・個人情報の概要

### 15.1.1　OECD プライバシー 8 原則

　個人にとって私的なことを不必要に他人に知られたくないという要求は，紀元前から存在していたと考えられる．医療に関わる人の職業規範として知られる「**ヒポクラテスの誓い**」は紀元前 300 年頃に作られたとされている．「ヒポクラテスの誓い」には，「医に関すると否にかかわらず，他人の生活について秘密を守る」と，職業上知りえた他人の秘密に関する守秘が明記されいる．そして，この患者についての秘密厳守については，近代まで受け継がれてきた．

　アメリカでプライバシー法（Privacy Act）が制定されたのは，1974年である．プライバシー法は，自分の情報は自分で管理する「**自己情報コントロール権**」に基礎をおいており，「守秘」の概念が変化した．

　OECD（経済協力開発機構）は，「プライバシー保護と個人データの国際流通についてのガイドライン」（**OECD プライバシー 8 原則**）を1980 年に採択した．これは，**表 15.1** に示すように，目的明確化の原則，収集制限の原則，安全保護の原則などで成り立っている．この 8 原

**表 15.1** OECD プライバシー 8 原則の概要

| 目的明確化の原則 | 収集目的を明確にし，データ利用は当該目的の範囲内に限定する |
|---|---|
| 利用制限の原則 | 本人の同意や法律の規定がある場合を除いて，明確化された目的外での利用を制限する |
| 収集制限の原則 | 適正・公正な手段によって，本人の同意を得て収集する |
| データ内容の原則 | データは，正確，完全，最新なものに保つ |
| 安全保護の原則 | データの紛失，破壊，使用，修正，開示などに対して，安全保護措置をとる |
| 公開の原則 | データ収集方針，データの存在，利用目的，管理者等を公開する |
| 個人参加の原則 | 自己データの所在・内容の確認，異議申し立てを認める |
| 責任の原則 | 管理者は諸原則の実施に対して責任を有する |

則は，日本の個人情報保護法にも大きな影響を与えた．

　1995 年に，EU は「個人データの取扱いに係る個人の保護及び当該データの自由な移動に関する欧州議会及び理事会の指令（個人データ保護指令）」を採択した．日本を含む各国でも個人情報保護の法制化が検討され始めた．日本の個人情報保護法は，OECD プライバシー 8 原則に沿って 2003 年に制定された．そして，2018 年，2021 年と改正されてきた．

### 15.1.2　プライバシーと個人情報

　大辞泉のデジタル版には，プライバシーは「個人や家庭内の私事・私生活．個人の秘密．また，それが他人から干渉・侵害を受けない権利」とある．そして，現在のプライバシーの概念と昔のプライバシーの概念は，大きく異なってきている．

　ヒポクラテスの誓いにもあるように，他人の家のことや病気ことなどの個人情報は，古代から意識されてきた．そして，人々のプライバシーに関する意識の高まりや，情報技術の発展に伴い，財産，電話番号，銀行口座番号，クレジットカード番号なども個人情報として意識されるようになってきた．プライバシーや個人情報に関する法律も整備されてきている．つまり，個人情報は，時代の流れや人々の意識の変化とともにその範囲が変化し，法律や制度も制定・変化してきている．人々が何気なく，生成・発信していることを，第 3 者が収集・活用してからそれが重要で価値ある個人情報であると気づくこともある．社会のデジタル化の進展も，プライバシーや個人情報に対する人々の意識に大きな影響を

図 15.1 プライバシー・個人情報を取り巻く環境

与えている．このため，日本の個人情報保護法も，定期的に見直す仕組みになっている．そして，個人情報の取扱いにおいては，強い保護を望む本人と安全性を維持した上で利活用を進めたい利用者の間の調整が，大きな問題の一つである（**図 15.1**）．

## 15.2 個人情報保護法

　日本の**個人情報保護法**は，2003 年に制定され，2005 年に全面施行された．その後 2015 年に改正個人情報保護法が成立し 2017 年に施行され，さらに，2021 年にも改正法が成立している．この法律は，高度情報通信社会の進展に伴い個人情報の利用が拡大していることから，個人の権利・利益の保護と個人情報の有用性とのバランスを図るために制定されている．

### 15.2.1 個 人 情 報

　個人情報保護法では，**個人情報**は生存している個人に関する情報であ

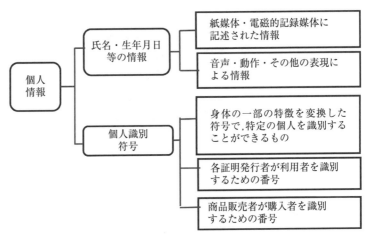

図 15.2 個人情報定義の概要

る．そして，**図 15.2** に示すように，個人情報は，特定の個人を識別できる氏名，生年月日等の情報と個人識別符号に分けて定義されている．証明書の識別番号の他，個人の顔写真などをデジタル化し，その特徴を抽出した符号も**個人識別符号**として定義している．

　特に，機微性が高く，差別や偏見といった不利益が生じかねない情報を，**要配慮個人情報**としている．具体的には，本人の人種，信条，社会的身分，病歴，犯罪の経歴，犯罪により害を被った事実などである．要配慮個人情報は，本人の同意なくして取得することが原則として禁止されている．

### 15.2.2　オプトインとオプトアウト

　個人情報保護法では，本人の同意がない場合は，個人データを第 3 者に提供することが原則として禁止されている．**オプトアウト**方式は，本人の要求で第 3 者提供を停止することを条件に，本人の事前同意なしに第 3 者提供を行うことである．オプトアウトを利用する場合は，あらかじめ，**個人情報保護委員会**へ届け出る必要がある．また，要配慮個人情報には，オプトアウト方式を利用できない．

　**オプトイン**方式は，書類等を送付する場合，事前に相手に同意を取ってから送付する方式である．

**個人情報保護委員会**
個人情報の有用性に配慮しつつ，個人の権利利益を保護するため，個人情報の適正な取扱いの確保を図ることを任務とする行政機関のひとつ．

### 15.2.3　個人情報の安全な利用

　個人情報の利用については，データの保有者（本人）とデータ利用者では，基本的な考え方に**表 15.2** に示すような違いがある．

表 15.2　データ保有者とデータ利用者の相違

| データ保有者 | データ利用者 |
| --- | --- |
| 匿名性 | 有用性 |
| 個人特定のリスクの減少 | 元データの特徴の保存 |
| 連結不可能匿名化 | 連結可能匿名化 |
| 個人情報の保護 | 個人情報の活用 |
| OPT-OUT 不可 | OPT-OUT 可 |

　そこで，個人情報の安全な流通を実現するために，匿名加工情報や仮名加工情報が法律で定義されている．

　**匿名加工情報**は，個人を特定できない加工をした情報であり，第 3 者に提供することができる．また，**仮名加工情報**は，個人情報を他の情報と照合しない限り個人を特定できないよう加工したものである．仮名加

工情報は社内利用を想定しており，第3者に提供することはできない．匿名加工情報よりも活用のハードルが低くなっている．この利用により，システムの開発委託や共同開発に利用できるようになった．なお，仮名加工情報は，個人情報に該当する．

　また，匿名化においては，少人数のデータの取り扱いに注意を要する．たとえば，同一県内の3市町村に1名ずつ患者が存在する疾患データの場合，氏名を匿名化しても，市町村を明らかにすれば，個人が特定されてしまう．このような課題に有効な考え方に，k-匿名性がある．**k-匿名性**は，同じような属性の人が必ずk人以上存在する状態に匿名化する方式である．k-匿名性は，データの匿名性を評価する指標といえる．

## 15.3　個人情報保護と情報セキュリティ

　データサイエンスのプロジェクトでは，大量のデータを必要とする．このデータの中には，個人情報が含まれる場合が多い．このため，データサイエンスプロジェクトを行う組織においては，保有するデータの管理，つまり，情報セキュリティマネジメントが必須になる．

　**図 15.3**は，個人情報保護と情報セキュリティの関係を示したもので

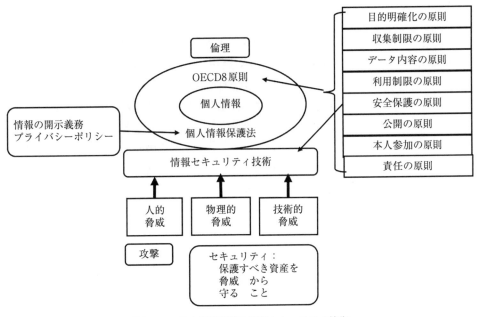

**図 15.3**　個人情報保護と情報セキュリティ技術

ある．OECD プライバシー 8 原則の安全保護の原則には，情報セキュリティの利活用が指摘されている．そして，組織に保存されている個人情報は，人的脅威，物理的脅威，技術的脅威に分類される脅威と攻撃から情報セキュリティ技術によって外部から保護されている．

　　個人情報に関する国内の事件としては，2014 年に通信教育の大手企業が保有する 3500 万件もの大量の個人情報が，不正アクセスではなくアクセス権限を有する業務委託先従業員による流出事件が起こった．この事件は，個人情報の管理を，自社の社員のみならず業務委託先に対しても，厳格に実施しなければならないことを認識させるものとなった．

## 15.4　欧米の個人情報保護法

　　1995 年，EU 委員会は「個人データ保護指令（指令 95/46/EC）」を出し，EU 加盟国は個人情報を保護する法律の制定が求められることになった．EU 指令には，加盟国による域外の第三国への個人情報の移転を制限する旨の条項が含まれていた．

　　EU 委員会は，個人情報の保護条件をさらに強化した GDPR (General Data Protection Regulation，一般データ保護規則) を 2016 年に出し，2018 年に施行した．EU 指令は EU 加盟国に法制化を促すものであるが，GDPR は EU 加盟国に対し直接効力をもつものである．これにより，大量の個人情報を扱う企業は，データ保護オフィサーの任命が義務付けられるなど，厳しい情報管理が求めらるようになった．対象地域については「域外適用」の条項があり，一部の日本企業もこれに含まれる．対象国に子会社や支店がある企業だけでなく，日本から対象国に商品やサービスを提供している企業，対象国から個人情報を処理する委託を受けている企業も，GDPR の対象となっている．

　　アメリカは，プライバシーの保護が最初に提唱された国であるが，プライバシー侵害については個別に裁判で争われており，個人情報を保護する連邦法は制定されていない．しかし，多くの IT 企業が本社を置くカリフォルニア州で，2018 年に「California Consumer Privacy Act of 2018（カリフォルニア州消費者プライバシー法：CCPA）」が制定された．

　　CCPA は，従来の州法よりも個人情報の厳格な保護を決めた法律である．州法による規制ではあるが，Amazon やマイクロソフトの本社があるワシントン州などに追随の動きが出ていることに加え，連邦法が制定される可能性もある（**表 15.3**）．

**表 15.3** 外国のプライバシー保護

| 国 | 法律・規則 | |
|---|---|---|
| 日本 | 個人情報保護法 | 定期的に見直す |
| EU | GDPR | 組織の活動拠点が EU 外であっても EU 居住者が利用するサービスには適用 |
| アメリカ | CCPA/CPRA | カリフォルニア州住民を対象 |

## 15.5　個人情報とデータサイエンス

　データサイエンスは，私たちの社会をより豊かで安全な生活の場所にできるものである．効率的な政府，医療やヘルスケアの進展，スマートシティ，その他より多くの方面から生活を改善するために使用できる．しかし，データサイエンスを商業的に利用する場合は，倫理的側面の議論が必要である．データサイエンスは諸刃の剣ともいえる．

### 15.5.1　購入履歴と個人情報

　アメリカで，2010 年代前半に報告されたディスカウント小売り店の例は，興味深い．人の人生には買い物習慣が大きく変化する時期がある．この大きな流れを自社のマーケティングに利用するケースはよくある．このディスカウント小売り店は，顧客の一定期間の購入履歴から，次に購入するであろう関連商品の連絡をしていた．

人生の節目とマーケティングの関係のひとつに成人式の晴れ着の広告がある.

　報告されたケースでは，高校生の娘を持つ父親が，娘宛てに高校生には不釣り合いな商品の広告がきたと，小売店に抗議した．しかし，後日，彼の娘にとっては必要な商品であることが判明したというものである．これは，娘が家族を含めて誰にも話をしていない事実を，データ分析により，第三者が把握してしまったケースである（**図 15.4**）．

**図 15.4**　蓄積データから予測

### 15.5.2　プロファイリングの利用

　マーケティングや営業における**プロファイリング**は，過去の顧客データを分析することで，規則性や法則性を導き出すセールス手法である．複数顧客のプロファイリングを行うと，顧客の購入につながる要因を見つけ出すことができる．

　データサイエンスでは，顧客の**プロファイル**を容易に作成できる．適切な作成と使用であれば，効果的な営業活動である．このプロファイルは，多くのデータソースからデータを統合して作成される．しかし，このようなプロファイル情報の作成過程には課題がある．具体的には，プロファイルの生成過程がブラックボックス的であり，個人のどんな記録が使用さたのか，どこで集められたデータが使用されたのか，どのような基準でプロファイル結果が出力されたのか，などを知ることが困難である．さらに，作成に利用したデータには，ノイズの多いものもある，などの課題が知られている（**図 15.5**）．

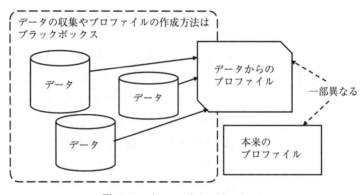

**図 15.5**　プロファイリングのリスク

　このため，正確性に欠けるプロファイル情報を利用すると，個人について誤解をまねくことになる．具体的には，プロファイル情報は，他企業に販売されることもある．そして，一度流通したプロファイル情報は，永続的な情報になってしまうことが多い．この結果，一部の顧客は，多くの場面で否定的な評価を受けることになる．時には，信用リスク評価や個人の生活に影響を与える場面などでも，使用される可能性がある．ある企業のブラックリストに一度載ると，それを本人からの申告で消去することは，困難であろう．

### 15.5.3　デジタルフットプリント

個人が現代社会に関われば，その痕跡を残す以外に選択肢はない．携帯電話，クレジットカード，ATM，ポイントカードの利用など実世界での記録，Web サイト，メール，オンラインショッピングなどのオンラインの世界での記録など，さまざまな関わりや行動が記録されていく．そして，オランダでの調査によれば，平均的なオランダ市民は，2009 年の段階で 200 以上のデータベースに収載されているとのことである．また，オンライン上に残る追跡可能な活動記録や情報のことを**デジタルフットプリント**という．今後，パーソナルデータの時代になるといわれている．現代の平均的な生活においても，相当量のデジタルフットプリントを残していることも忘れてはならない．

### 練 習 問 題

**15.1**　適切な語句を記入しなさい．

EU はプライバシー保護と個人データの国際流通についてのガイドライン」（OECD プライバシー 8 原則）を 1980 年に採択した．これは，（①），利用制限の原則，（②），（③），データ内容の原則，公開の原則，個人参加の原則，責任の原則で成り立っている．この 8 原則は，日本の（④）にも大きな影響を与えた．

**15.2**　適切な語句を記入しなさい．

個人情報保護法では，個人情報は（①）している個人に関する情報である．そして，個人情報は，特定の個人を識別できる氏名や生年月日等の情報と，証明書の識別番号や個人の顔写真などをデジタル化し，その特徴を抽出した符号も（②）として定義している．

また，特に，機微性が高く，差別や偏見といった不利益が生じかねない情報を，（③）としている．具体的には，本人の人種，信条，社会的身分，病歴，犯罪の経歴，犯罪により害を被った事実などである．

さらに，個人情報の安全な流通を実現するために，（④）が法律で定義されている．（④）は，個人を特定できない加工をした情報であり，第 3 者に提供することができるものである．

**15.3**　適切な語句を記入しなさい

EU では，2016 年に出された一般データ保護規則（①）により，大量の個人情報を扱う企業は，データ保護オフィサーの任命が義務付けられるなど，厳しい情報管理が求められるようになった．対象地域については「域外適用」の条項があり，一部の日本企業もこれに含まれる．対象国に子会社や

支店がある企業だけでなく，外国から対象国に商品や（②）を提供している企業，対象国から個人情報を処理する委託を受けている企業も，（①）の対象となっている．

アメリカは，プライバシーの保護が最初に提唱された国であるが，個人情報を保護する連邦法は制定されていない．しかし，多くの IT 企業が本社を置くカリフォルニア州で，2018 年に，カリフォルニア州消費者プライバシー法（③）が制定された．

**〈参考文献〉**

[1] 増井敏克：図解まるわかり　データサイエンスのしくみ，翔泳社，2022

[2] 田中浩之，蔦大輔：60 分でわかる改正個人情報保護法，技術評論社，2022

[3] 北川源四郎，竹村彰通：教養としてのデータサイエンス，講談社，2021

[4] John D. Kelleher, Brendan Tierney：DATA SCIENCE, MIT Press, 2018

[5] 開原成允，樋口範雄：医療の個人情報保護とセキュリティ，有斐閣，2003

# 練習問題解答

## 第 1 章

**1.1** ① ハードウェア ② ソフトウェア ③ 入力装置 ④ 主記憶装置（メインメモリ）⑤ 補助記憶装置 ⑥ 演算装置 ⑦ 制御装置 ⑧ 中央処理装置（CPU：Central Processing Unit）⑨ プログラム内蔵方式（ストアドプログラム方式）⑩ 逐次制御方式

**1.2** ① システムソフトウェア ② 応用ソフトウェア（アプリケーションソフトウェア）③ オペレーティングシステム（OS）④ 基本ソフトウェア ⑤ 制御プログラム ⑥ 言語プロセッサ ⑦ サービスプログラム（ユーティリティプログラム）⑧ ミドルウェア ⑨ 共通応用ソフトウェア ⑩ 個別応用ソフトウェア

**1.3** ① 1 ② 3 ③ 5 ④ 13 ⑤ 16

## 第 2 章

**2.1** ① 規格品 ② 時間 ③ デジタル化 ④ 定型的

**2.2** ① Volume ② Variety ③ Velocity ④ Internet

**2.3** ① データセット ② データサイエンス ③ クラスタ ④ クラスタリング

**2.4** ① データベース ② 情報可視化

## 第 3 章

**3.1** ① データベース管理システム ② オンライントランザクション処理 ③ 同時実行 ④ データウェアハウス ⑤ オンライン分析処理

**3.2** ① ロールアップ ② ドリルダウン

**3.3** ① データクリーニング ② データ変換 ③ データ統合

## 第 4 章

**4.1** ① 知能 ② 汎用人工知能（AGI, 強い AI）③ 特化型人工知能（Narrow AI, 弱い AI）④ 機械学習 ⑤ ビッグデータ

**4.2** ① コンピュータ ② 教師データ（教師ラベル）③ 教師あり学習 ④ 教師なし学習 ⑤ 強化学習

**4.3** ① 深層学習（ディープラーニング）② ビッグデータ ③ アルゴリズムバイアス ④ フレーム問題 ⑤ 説明可能 AI（XAI）

## 第5章

5.1　① 推薦システム，情報推薦システム，レコメンデーションシステム　② パーソナライ
ゼーション　③ ユーザプロファイル　④ 内容ベースフィルタリング，コンテンツフィ
ルタリング　⑤ 協調フィルタリング

5.2　① ユーザインタフェース，インタフェース，グラフィカルユーザインタフェース
② ユーザビリティ　③ 有効さ　④ 効率　⑤ 満足度

## 第6章

6.1　① ウ　② エ　③ ア　④ イ

6.2　① LAN　② WAN　③ クライアント　④ サーバ　⑤ 中継器（ルータ）　⑥ バケツリ
レー　⑦ パケット　⑧ TCP/IP　⑨ IP アドレス　⑩ クラウドコンピューティング
（クラウドサービス）

6.3　① Web ブラウザ　② Web サーバ　③ URL（Uniform Resource Locator）
④ DNS（Domain Name System）サーバ　⑤ アクセスログ

## 第7章

7.1　ウ

7.2　イ

7.3

|  | 購入 | 未購入 | 計 |
|---|---|---|---|
| 男性 | 28 | 12 | 40 |
| 女性 | 32 | 28 | 60 |
| 計 | 60 | 40 | 100 |

男性の中で購入した人の割合
$28 \div 40 = 0.7$

## 第8章

8.1　① ヒストグラム　② 第1　③ 第2

8.2　① 標準得点　② 0　③ 1

8.3　① 回帰直線　② 説明変数　③ 目的変数　④ 重回帰分析

8.4　①（式 8.1）の確認
表 8.3，表 8.5 から
A 組男子得点合計 1325 点，男子生徒人数 21 人　A 組男子平均点 $1325 \div 21 = 63.1$
A 組女子得点合計 1285 点，女子生徒人数 21 人　A 組女子平均点 $1285 \div 21 = 61.2$

よって,（式8.1）成立.

（式8.2）の確認

表8.3,表8.5から

B組男子得点合計279点,男子生徒人数4人　B組男子平均点279÷4＝69.8

B組女子得点合計2580点,女子生徒人数38人　B組女子平均点2580÷38＝67.9

よって,（式8.2）成立

②（式8.3）の確認

表8.3,表8.5から

A組とB組の男子合計1604点,男子生徒総数25人　男子平均点1604÷25＝64.2

A組とB組の女子合計3865点,女子生徒人数59人　女子平均点3865÷59＝65.5

よって,（式8.3）不成立.

## 第9章

**9.1**　①累積度数　②相対度数　③累積相対度数　④総変数

**9.2**　①時系列　②移動平均

**9.3**　①e-Stat　②csv　③テキスト

**9.4**

| クレジットカード枚数 | 人数 | 相対度数 | 累積度数 |
|---|---|---|---|
| 1枚 | 3 | 0.15 | 3 |
| 2枚 | 6 | 0.3 | 9 |
| 3枚 | 7 | 0.35 | 16 |
| 4枚 | 3 | 0.15 | 19 |
| 6枚 | 1 | 0.05 | 20 |

平均所有枚数　2.7枚

## 第10章

**10.1**　①デジタイゼーション　②デジタライゼーション　③デジタルトランスフォーメーション（DX）　④デジタルビジネス　⑤データサイエンス（データ,顧客データ）

**10.2**　①販売時点情報管理（POS）　②スマートレジ（AIレジ）③構造化　④非構造化　⑤機械

**10.3**　①BtoB　②BtoC　③CtoC　④モバイルコマース　⑤GPS機能

## 第11章

**11.1**　①ビッグデータ　②インターネット（WAN,広域通信網）③データベース（リレーショナルデータベース）③クラウドストレージ（オンラインストレージ,クラウドサーバ）④ビジネスインテリジェンス（BI）⑤グラフ（ダッシュボード,レポート）

**課題**

【手順】

① Google フォームでアンケートフォームを作成する.

② スプレッドシートを作成してアンケート結果を蓄積する.

③ Looker Studio でスプレッドシートに接続してダッシュボードを作成する.

## 第 12 章

12.1　①ベクトル空間モデル　②類似度　③スパース　④角度　⑤コサイン尺度

12.2　①アソシエーション分析（バスケット分析）　②連関規則（アソシエーションルール）
　　　③因果　④機械　⑤教師なし

**課題**

【手順】

① Web ブラウザから RESAS（https：//resas.go.jp/）にアクセスする.

②左上メニュー「マップを選択してください」をクリックして「観光マップ」を選択する.

③サブメニュー「目的地分析」を選択する.

④右側のフレームから出身地「例えば群馬県」を選択する.

⑤地図上から観光地をポイントし「月別検索回数を表示」を選択する.

## 第 13 章

13.1　①真正性　②見読性　③保存性

13.2　①クリニカルパス　②診療スケジュール表　③入院

13.3　エ

## 第 14 章

14.1　①機密性　②完全性　③可用性　④リスク　⑤インシデント

14.2　①ワンタイムパスワード　②マトリクス認証　③生体認証

14.3　①盗聴　②換字式暗号　③転置式暗号　④共通鍵暗号方式　⑤公開鍵暗号方式

## 第 15 章

15.1　①目的明確化の原則　②収集制限の原則　③安全保護の原則（①〜③は順不同）④個
　　　人情報保護法

15.2　①生存　②個人識別符号　③要配慮個人情報　④匿名加工情報

15.3　① GDPR　②サービス　③ CCPA

# 索　引

〈著者紹介〉

豊田　修一（とよだ　しゅういち）
　　2001　年　徳島大学大学院工学研究科博士後期課程単位取得退学
　　専門分野　情報科学
　　現　　在　上武大学看護学部教授．博士（工学）

樽井　勇之（たるい　ゆうじ）
　　1997　年　拓殖大学大学院工学研究科博士後期課程修了
　　専門分野　情報科学
　　現　　在　上武大学ビジネス情報学部教授．博士（工学）

新入生のための
データサイエンス入門

2023 年 10 月 30 日　初版 1 刷発行

検印廃止

著　　者　豊田修一　　ⓒ 2023
　　　　　樽井勇之

発行者　南條光章

発行所　共立出版株式会社

〒 112-0006　東京都文京区小日向 4 丁目 6 番 19 号
電話　03-3947-2511
振替　00110-2-57035
www.kyoritsu-pub.co.jp

一般社団法人
自然科学書協会
会　員

印刷・製本　真興社
NDC 007, 007.6 / Printed in Japan

ISBN 978-4-320-12572-8

# ■情報・コンピュータ関連書

www.kyoritsu-pub.co.jp **共立出版**